DISCOVRS
PAR LEQVEL
EST MONSTRE' CON-
TRE LE SECOND PARADOXE
de la premiere decade de M. Laur.
Ioubert, qu'il n'y à aucune raison que, quelques vns puissent vivre sans manger,
durant plusieurs jours
& années.

Par Israel Harvet D. M. O.

A NIORT,
Par Thomas Portau.
1597.

A HAVTE ET PVISSANTE

DAME MARIE DV FOV VEVFVE de haut & puiſſant Meſſire Charles Eſchallart, vivant Seigneur de la Boulaye Conſeiller & Chambellan ordinaire du Roy, Cappitaine de cinquante hommes d'armes de ſes ordonnances, Gouverneur & Lieutenant general pour ſa Majeſté à Fontenay le Conte & pays du bas Poictou, & Viſ-admiral en Guyenne.

MADAME *de toutes les paſſions de l'ame, il n'y en n'a aucune (à mon iugemẽt) plus vniverſelle que l'ambition, car de toutes les autres, nous voyõs les vns plutoſt enclins à celle ci, les autres plutoſt a celle là, ce ſeul vice indifférâment eſt commun à toute ſorte deſprit, n'y ayant grand, mediocre, n'y petit, qui n'en ſoit entaché. C'eſt l'origine & la ſource des guerres, maſſacres, revoltes, & de la ruine des Villes, Provinces, & Royaumes. Mais qui a il d'eſtrange, ſi cette*

A ij

maladie fomentee de l'impieté des flateurs qui font acroire aux grands que tout est né pour leur gloire, le ciel & la tere en font esbranlez? il y à bien plus dequoy s'etôner en la religion. Car encore que tous ceux qui font profeßion de craindre Dieu, côfeßèt librement que tout à esté creé par luy pour fa propre gloire, côbien s'en trouverà il qui tendent là? qui à crucifié le Sauueur du monde? qui depuis à persecuté fes Apostres? & finalement qui à femé tant de fchifmes & d'herefies en l'Eglife? Confiderant ces chofes. Madame, i'ay ceßé de m'eftôner voyant en toutes les fcièces humaines tant de miliers d'opinions fur vne mefme chofe, car outre ce qu'entre les Philofophes il ne fe trouve moins d'àbition qu'entre tout autre genre d'honmme, il y à plus, c'eft qu'impunement on peut & dire, & efcrire, ce qu'on penfe (ou pour mieux dire) ce qu'on veut : la caufe de ceci, c'eft qu'il n'y à aucune peine establie contre ceux qui tachent à demolir & renverfer l'opinion antienne, au contraire & la gloire & le profit fuivent ordinnairement telles entreprifes : car pourquoy non? ils cerchèt la verité. Voici le mâteau commun de noftre impudèce, c'eft le pretexte de la defèce ambitieufe de nos erreurs & refveries, c'eft l'efpee par laquelle nous attaquons

les conclusions, & maximes les plus veritables,
il ne faut plus repartir, que c'est l'advis des plus
excellens aureurs, que c'est le commun cousente-
ment de tous, vous serez tout estonné que vous
oyrez distiller en vos oreilles, que vous estes lo-
gé au pont aux asnes, qu'iHpocrate, Platon,
Aristote, Theophraste, Galien, & leurs semblables ont esté hommes comme les autres. A la verité ie confesse bien que ces anciens n'ont esté E-
vangelistes, qu'il est libre à vn chacun de leur cô-
tredire, mais i'adiouteray aussi qu'il n'est tant
aisé à triompher d'eux, qu'on pouroit s'imaginer:
aussi est-ce là (disent ils) qu'il y à de la gloire,
ny ayant rien de beau, que ce qui est difficile.
Or que telle gens embrassent tant qu'ils voudrôt
l'ombre de leurs fantasies si y à il beau coup plus
d'honneur à maintenir la verité, encore que ce
soit sans sueur & sans poudre, qu'a la combatre
avec tous les travaux, peines, & dägers qu'on
scauroit s'imaginer: car outre ce qu'il est certain, que qui se plaist aux dangers perit ordinairement aux dangers, il y a plus, c'est que la verité ne peut iamais sucomber, que si pour quelque temps elle demeure enveloppee entre les
brouillars, & est assiegee des tenebres si est ce
qu'en fin son pere viêt au secours, qui fait qu'el-

le mesme par son feu & par sa splendeur dissipe
& consume tous les nuages, & chassant les tenebres paroit plus clere que le Soleil, couronnã
d'vne gloire immortelle ceux qui nonobstant son
opression l'ont recognue, confessee, & maintenu
son parti. Pour vous, Madame, de tout temps
vous avez esté recogneue si magnanime (comme celle qui a esté fille d'vn des plus vertueux
gentilhomme du monde, puis femme d'vn homme tres-excellent en pieté, & secondement d'vn
autre, duquel les faits genereux ont esté tels
& si cogneus d'vn chacun qu'il n'est besoin de
le nommer pour le cognoistre) que vous avez
courageusement postposé tout ce que les hommes
apellent honneur pour l'embrasser & defendre,
c'est ce qui m'a incité a vous consacrer ce petit
discours, m'asseurant que les simples raisons d'i-
celuy ornees de la verité vous serõt autãt agrea-
bles, que vous estes ennemie des subtils & pro-
fonds arguments defenseurs du mensonge.

Vostre tres-humble & tres-
obeissant serviteur I. H.

QV'IL N'Y A AVCVNE RAI-
son que quelques vns puissent vivre plusieurs mois encore moins plusieurs années sans manger, contre le second Paradoxe de M. Lau-
rent Ioubert.

O N dit ordinairement que qui se
taist semble consentir, c'est
pourquoy ayant entrepris de
respondre au second Paradoxe
de la premiere decade de M.
Ioubert, & ne pouvât dissimuler en avoir veu
la Preface, ie suis reduit à l'vne de ces deux
extremitez, ou d'aquiescer à la comparaison
qu'il fait de la Theologie, avec les disciplines
humaines, ou d'y contredire. Et pour en parler librement & a cœur ouvert, il me semble
que c'est faire tort à la Theologie (qui est la
science des sciences) de l'estimer indigne du
nom de science, ainsi qu'il fait des le commencement de son preface.

A iiij

La religion Chrestienne nous enseigne &c.

Car je sçaurois volontiers qu'elle est la science, en laquelle les causes, les principes, & le subjet sont plus certains, plus immua-bles, & de plus longue duree, qu'en la Theologie, en laquelle toutes ces choses sont e-ternelles: ce sont les conditions que requiert Aristote pour establir vne vraye science. Si on dit que M. Ioubert à voulu orner la Theologie du nom de sapience, je di que pour cela il n'a deu luy denier celuy de science, ains au contraire, d'autant que cette contemplation est plus haute que toute autre, & d'autant plus elle en est digne: ce n'est point moy qui parle icy, c'est Arist. qui escrit ainsi.

Ethic. li. 6. ch. 7.

" Partant c'est vne chose certaine, que la sa-
" pience est la plus exacte & la plus belle de
" toutes les sciences: & puis ayant dit qu'il faut que non seulement le sage sache les con-clusions tirees des principes, mais aussi qu'il die choses veritables des principes, il adjouste.

" Partant la sapience est vne intelligence &
" science des choses les plus honorables. Si quelqu'vn dit, que ce n'est à dire des choses divines, qu'il lise le sec. chap. du prem. de la
" Metaph. & entre autres passages, qu'il re-

" marque ceux ci: La plus excellente de tou-
" tes les sciences, c'est celle qui cognoist la
" chose, pour laquelle toute autre chose se
fait, y a il rien que Dieu à qui tout se doive raporter? en fin passant plus outre, sur la fin du
" ch. il escrit, Il n'est pas seant de penser qu'il
" y en ait aucune autre plus honorable que
" celle ci, car la mesme science qui est tresdi-
" vine, est aussi tres-honorable, & cette scien-
" ce se peut diviser en deux, en celle qui est
" en Dieu, qui est la plus divine de toutes les
" sciences, & en celle, si aucune y en a, qui
" est des choses divines. Ceci donc suffira
pour cognoistre si au jugement d'Aristote
nous devons appeler la Theologie science ou
non. Il n'y a aucun chrestien qui en doute. Il
se pourra trouver quelqu'vn qui dira, qu'on
ne peut atteindre que par le moyen de la foy
à la cognoissance des choses divines : mais je Resol.
demande, si Aristote ne dit pas, qu'a quicon- post. l. 1.
que defaut quelque sens, defaut aussi quel- chap. 14.
que science ? & si Hippocr. au paravant n'a- au liv. des
voit pas escrit, que la ratiocination est vne prec.
memoire cõposant les choses qu'on a receu
par le sentiment? Les sens donc n'ayant pour
objet autre chose que des accidés, qui pour-

ra nier que pour parvenir à l'intelligence des
causes, qui sont substances & principes des
sciences, que nous estimons tant, nous ne
marchons qu'au travers d'vne obscure nuée,
tousiours tatonnants comme aveugles, & va-
cillants tantost deçà, tantost delà, sans pouvoir discerner seurement le chemin qu'il faut
tenir pour parvenir à la verité ? l'infinie di-
versité des opinions qui font ignorer & non
sçavoir dit Hippocrat. (& qui pourtant font
ordinairement les plus beaux fruicts de nos
labeurs) est trop certaine pour en douter. Ne
disons donc point que la Theologie n'est
point des disciplines qui meritent d'estre appelees mathemathes & vrayement sciences,
ains comme la plus excellente & la plus vtile
de toutes, reverons la par dessus toutes les
autres.

au liure qui se nõ-me loy d'Hipp.

    En la fin du Preface il y à plusieurs histoi-
res que j'ay remis à la fin de ce discours, d'au
tant que les raisons examinees il sera plus fa-
cille à juger, ce qu'on en doit croire, venons
donc aux raisons.

    *C'est vne sentence ferme & ratifiee que tous
corps &c.*

    Monsieur Ioubert des l'entree de son dis-

cours, nous propoſe la definition de la vie, a-
fin de s'en ſeruir pour demonſtrer ce qu'il à
entrepris en ce paradoxe. de tout ſon diſcours
(ſi je ne me trompe) voici la demonſtration
qui s'en peut tirer.

*En la ſeule chaleur eſt contenue la vie de l'a-
nimant.*

*La chaleur peut longuement ſubſiſter en quel-
ques animants ſans manger,*

*Donc en quelques animants la vie peut lon-
guement ſubſiſter ſans manger. Et par conſe-
quent quelques hommes peuvent ſubſiſter pluſieurs annees ſans manger.*

I'ay tiré la premiere propoſition de ce ſyllogiſme, de la premiere partie, la ſeconde
de la ſeconde, & troiſieſme, la concluſion
de la quatrieſme, qui ſont les parties eſquel-
les Monſ. Ioubert à diuiſé tout ſon diſcours,
j'ay fait ceci d'autant que la quantité de paroles, empeſche le plus ſouuent qu'on ne re-
cognoiſſe la verité, & eſt cauſe que le men-
ſonge eſt ſouuent pris pour elle: je ne veux dire que telle à eſté l'intention de M. Ioubert,
mais il aduiét quelque fois, que nous laiſſâts
emporter au fil de noſtre diſcours qui nous
plaiſt, nous ne prenons garde , que tout ce

que nous avons ou dit, ou escrit, n'est rien
plus que probable. C'est ce qui est (à mon
opinion) arrivé en ce fait, car je croy qu'il ne
se trouvera guere de personnes qui vueillent
maintenir la consequence de ce syllogisme
estre necessaire, quand on accorderoit la ma-
jeure, & mineure estre necessairemét vrayes.
Car qu'il soit ainsi que quelques animants
puissent longuement subsister sans manger,
s'ésuit il que ces quelques animâts sont quelques hommes? & quâd ceci s'ensuivroit s'ensuivroit il que ces quelques hommes pourroient subsister plusieurs annees? il n'en n'est
fait mention n'y en la conclusion, n'y aux pro
positions. Mais afin de ne rien confondre : il
nous faut voir la premiere proposition. M.
Ioubert la confirme par deux raisons, la premiere est fondee sur l'authorité d'Aristote,
la seconde sur l'opposition de la vie & de la
mort. Quât à la premiere elle se pourroit in-
valider par le privilege duquel se sert ledit Sr
Ioubert, qui proteste en son Preface de ne
s'attacher aux authorités n'y les admettre en
ce qui se peut comprendre par raison: mais
afin que quelqu'vn ne me replique, que *non*
cuius homini contingit adire Corinthum. Et

que ce qui à esté galléterie en M. Ioubert, seroit en moy temerité, voyons ce qu'a dit A-
rist. Il se trouve bien qu'il fait mention en
plusieurs passages de la chaleur, & de la vie,
comme au 17. prob sect. prem. au 22. sect.
3. au livre de la jeun. & vieill. en deux lieux,
mais du mot de seule il n'en parle aucunement, non plus qu'au liv. de la Resp. ou il
" dit. Puisque cy devant il a esté arresté que
" la vie & l'estat de l'ame, ne peut demeurer
" sinon avec quelque chaleur, il est donc necessaire &c. Venons à la seconde raison.

Pource Arist. qui ha defini la mort estre &c.

Ie croy qu'il n'y à personne qui ne sache,
que la privation est de telle nature, que si elle est d'vne partie necessaire, & sans laquelle quelque chose né puisse estre, qu'elle la de-
struit entierement: exéple, l'humeur chrysta-
lin & l'esprit visif sont parties sans lesquelles
la veuë ne peut estre: si donc quelqu'vn definit l'aveuglemét par la privation de l'vne de
ces deux parties, pourra il estre repris? nulle-
mét: mais s'il definit la veuë par la positiõ de
l'vne de ces deux parties seulem̃ét, il est tref-
certain que sa definition ne pourra estre receuë pour valable. Voila donc pourquoy cet-

te raison n'est aucunement necessaire, de dire, que puisque la mort est definie par l'ex--
tinction de la chaleur, que la vie est bien definie par la seule chaleur, mais il dit qu'a l'i-
mitation d'Aristote.

*Tous les Philosophes d'vn comsentement de-
finissent la vie par chaleur.*

Ie veux bien que la pluspart des Philosophes, aye defini la vie par la chaleur, comme
par le principal & premier instrument d'icelle, mais que s'aye esté leur opinion, que la
seule chaleur fust cause de la vie, c'est contre
toute apparence & raison ; ainsi que je pour-
rois facilement demonstrer par plusieurs raisons, si je n'estimois que pour le present le tes
moignage de M. Ioubert mesme doit estre
receu pour le plus fort argument qu'on puisse produire contre luy. Voyci donc ce qu'il
dit au comm. qu'il à fait sur le premier livre
des facult. natur. de Gal. chap. premier, l'a-
« me demonstre ses forces & facultez vsant
« pour cet effet de divers instruments cor-
« porels, entre lesquels y en à vn premier
« principal, & immediate instrument, qui est
« devant tous les autres organes, c'est la chaleur, mais il dit que

*Pour petite que ſoit la chaleur, le corps qui
en ha iouit de la vie.*

Ie dis de meſme que pour peu que le corps
" reſpire qu'il a vie, & Ariſt. au liv. de la reſpi-
" ration dit, que les animaux tant qu'ils vi-
" vent reſpirent, & que pourtant la vie conſi-
" ſte en la reſpiration & expiration. ainſi je
diray encore, que tant qu'il y à mouvement
ou ſentiment en l'homme, que le corps ha
vie, mais pour tout cela, s'enſuivra il qu'en
la ſeule expiration & reſpiration, au ſeul mouvement & au ſeul ſentiment, ou bien au ſeul
eſprit animal conſiſte la vie? nullement, mais
bien que ſans eux la vie ne peut eſtre, & que
la poſition d'iceux ſuppoſe la vie, je di donc,
qu'il eſt bien vray que ſans chaleur ne peut
y avoir de vie, & que ſuppoſant la chaleur en
l'homme, il s'enſuit qu'il y a vie, d'autant
qu'elle n'eſt point en l'homme, que les autres choſes ſans leſquelles la vie de l'homme
ne peut eſtre, n'y ſoyent auſſi, mais que cela
ne conclue point, que la ſeule chaleur ſoit
cauſe de la vie. Davantage je demande ſi la
definition de la vie par la ſeule chaleur, eſt
generale, ou ſpecifique, je penſe qu'il ne ſe
trouvera aucun qui la veille defendre pour

ſpecifique, car il faudroit qu'elle ne convint que ou à la plante, ou à la beſte, ou à l'homme, ce qu'vn chaſcun ſcait ne pouvoir eſtre: elle eſt donc generale, convenant à ces trois eſpeces : ce qu'eſtant, chaque eſpece doit avoir ſa propre, & ſpecifique definition. M. Ioubert donc devoit prédre pour moyen de ſa demonſtration, la definition de l'eſpece, puiſque il eſt queſtion de l'eſpece, & non du genre. Cette definition (ſi je ne me trompe) peut eſtre telle: la vie de l'homme eſt l'action de l'ame raiſonnnable produitte au corps de l'homme, de cette definition il falloit tirer ce ſyllogiſme.

L'action de l'ame raiſonnable, produitte au corps de l'homme, peut par pluſieurs annees ſubſiſter en quelques vns, ſans qu'ils ayent beſoin de manger:

La vie de l'homme, eſt l'action de l'ame raiſonnable produitte au corps de l'homme:

Donc la vie de l'homme, peut par pluſieurs annees ſubſiſter en quelques vns, ſans qu'ils ayent beſoin de manger.

Ce ſyllogiſme ainſi fait, il falloit prouver la premiere propoſition & tout eſtoit expedié. Or M. Ioubert ne s'eſt point amuſé à ceci,

eci, mais seulement s'est efforcé de monf-
trer que la chaleur naturelle pouvoit estre en
tretenuë par la pituite excrementeuse,pour à
quoy parvenir plus commodement en la seconde & troisiesme partie de son discours,a-
pres avoir enseigné en cette premiere, quel
est l'umeur radical, & son vsage, il finit en
concluant que l'aliment n'a esté institué, que
pour l'entretien de l'humeur radical : en ces
mots.

*Dequoy il appert comme ie pense que l'vsage
des aliments &c.*

Encore que le mot d'aliment aye plusieurs
significations, toutefois parce qu'on ne peut
douter, par la question de ce discours,que M.
Ioubert entend parler de l'aliment dit exter-
ne, comme est le pain, le vin , la viande,je ne
me veus estendre à l'exposition d'icelles afin
d'eviter toute prolixité. seulement veux je a-
vertir le Lecteur, que cette côclusion,laquel-
le il semble que M. Ioubert n'aye proposé
qu'en passant, est le fondement de ses preu-
ves. Car en tout le reste de son discours, il ne
s'efforce à autre chose, que de prouver que
l'umeur radical peut bien estre conservé en
quelques vns, sans que la chaleur en côsume

B

rien, ce qu'eſtant on n'auroit plus de beſoin d'aliments. C'eſt pourquoy je veux môſtrer par l'experience, la raiſon & l'autorité des Philoſophes, & Medecins, que l'alimêt n'eſt pas ſeulement pour l'entretien de l'humeur radical, mais auſſi des eſprits tant vitaux qu'animaux, & pour le premier on voit que ceux qui tombent en quelque foibleſſe de cœur pour avoir ſouffert quelque grande evacuation, ſoit par ſegnee, ſoit par ſueurs, ou autrement, en prenât du vin ſe ſentent fortifier en meſme temps, les meſſagers qui font profeſſion d'aller ordinairement à pied par pays, ſcauroient bien dire, combien ils ſe ſentent corroborez quant apres avoir fait vn long chemin, ils en prennent trois ou quatre gorgees, la raiſon n'eſt moins forte en cet endroit que l'experience, car puiſque les eſprits ſont ſubſtâces corporelles, ſubtiles infinimêt contenues au corps de l'hôme tout tranſpirable (autrement ne pourroit il long temps ſubſiſter) il ne ſe peut faire, qu'il ne s'en diſſipe vne grande quantité, par inſenſible tranſpiration, outre ce qui eſt evacué tous les jours avec les excrements, mais quant meſme il ne s'en conſumeroit rien en cette ſorte, ſi eſt

ce qu'il s'en côsume continuellement en leur
action, autrement pour neant s'en feroit il
tous les jours de nouveaux dans les ventricules du cœur, & du cerveau, & l'obstruction
des nerfs, ne causeroit paralysie, ny au mouvement, ny au sentiment, & l'obstruction du
ret admirable, ne causeroit l'apoplexie, laquel
le en ce cas n'arrive qu'a cause que la voye
par laquelle passe l'esprit vital, qui est la matiere de la generation des esprits animaux, est
bouchee, ce qu'estant, les parties demeurent
destituees desdits esprits, d'ou s'ensuit priua-
tion de mouvement. Les esprits donc se con-
sument, & par consequêt ont besoin de nourriture, & d'ou sera pris la matiere de cette
nourriture? ce ne sera pas de la substance des
parties du corps, car ce seroit se destruire soy-
mesme, il faut donc que ce soit de ce qui pro-
vient du manger & du boire. L'autorité d'A-
ristote est conforme à cette raison, lequel recerchant la cause materielle de la conserva-
tion & accroissement des esprits. N'est-ce
" point (dit-il) de quelque chose qui vienne
" de dehors, que l'esprit est fait plus fort, &
" qu'il croist ainsi que les autres parties? ainsi
" l'aliment appoté aux choses qui ont ame, les

" conferve, & les rend plus grandes , puis il
" pourfuit,il faut donc confiderer quel eft cet
" aliment,& d'ou il vient,il y à deux moyens
" efquels on peut le raporter, afcavoir à la re-
" fpiration, ou bien à la concoction du boire
" & du manger, côme auffi au refte des au-
" tres parties, de ces deux moyens , celuy ne
" me femble eflongné de raifon qui fe fait
" par le moyen du boire & du manger , car
" tout ainfi que nous voyós la nourriture &
accroiffement des autres parties, fe faire d'v-
" ne matiere du tout corporelle ainfi fort à
" propos la nourriture & accroiffement de
" l'efprit, fe raportera au corps , car auffi eft
" il corps. & Hippocr. predeceffeur d'Arift.
" efcrit expreffement en l'Aph. 16. du fecôd
" liv. des Aphor, qu'il ne faut point travail-
ler ou il y à faim. qui eft autant que s'il difoit
que puifque les forces fans lefquelles ne peut
y avoir de travail, confiftent principalement
en la confervation des efprits , que fi les efprits ne font côfervez, & fortifiez par le man
ger, il ne peut y avoir de travail. Mais afin
qu'on n'eftime que j'expofe Hippocr. à ma
fantafie,oyons ce qu'il dit luymefme au com
mencement du liv. de l'aliment. Or la vertu

« de l'aliment parvient, & aux os , & à tou-
« tes les parties,& au nerf,& à la vene,à l'ar-
« tere, au mufcle, à la pellicule, à la chair,à la
« graiffe, au fang, à la pituite , à la moelle,au
« cerveau,à la moelle de l'efpine,aux entrail-
« les & à leurs parties, & certes auffi la cha-
« leur à l'efprit & à l'humidité,au mefme liv.
« fur la fin il efcrit que ceux qui ont befoind'v
« ne nourriture treffoudaine , qu'ils la prennent par l'odeur. Ie fcaurois volontiers fi cette nourriture n'eft point des efprirs: il n'en
faut douter , puifque les parties de noftre
corps (lefquelles font folides)ne peuvent eftre nourries des odeurs, ainfi que prouue A-
riftote contre les Pytagoriciens, mais quant
aux efprits,il n'eft hors de propos qu'vne fub
ftance bien odorante & agreable,meflee par-
mi l'air attiré dans les ventricules du cerveau
ferve pour quelque temps à les reftaurer,ain-
fi Democrite fe maintint l'efpace de trois
jours, par l'odeur du pain frechement roti.
Ce que j'allegue ces autorités , n'eft pas que
je ne me refouvienne de la proteftation que
fait M. Ioubert, au Preface de fon difcours,
de ne recevoir aucune authorité,pour grande
qu'elle puiffe eftre en ce qui fe peut cognoif-

tre par la raifon: mais c'eſt afin de faire voir
à ceux qui liront cette reſponſe, que je ne defens rien qui ne ſoit conforme à ce qu'ont ſa-
gement eſtimé ces grands perſonnages fon-
dateurs de la Philoſophie & Medecine. Cependant pource que nul ne doit deſavouer
ſon propre ouvrage, n'y ſa propre geniture,
je ne feray rien qui deroge à cette proteſta-
tion, ſi je mets en avant deux paſſages de la
ſeconde partie des erreurs populaires de M.
Ioubert meſme: le premier, eſt au chap. 1.
" en ſes mots, ſans doute le vin eſt tresbon
" aliment, qui non ſeulement engendre de
" de ſoy beaucoup de ſang, ains auſſi fait
" mieux digerer les autres vivres, revient toſt
" les eſprits, ſuſcite la chaleur naturelle, & luy
" donne vigueur &c. Le ſecond au chap. 13.
" d'autant que le ſang eſt le threſor de natu-
" re, alimens des eſprits, & le ſubjet de la cha
" leur naturelle, on fait bien de l'avoir cher.
Vous noterez Lecteurs s'il vous plaiſt, qu'au
premier paſſage il dit que du vin s'en fait du
ſang, au ſecond, que du ſang ſe font les eſprits
qui ne conclurra que donc les eſprits ſe font
de l'aliment ? & que partant l'aliment, n'a
point eſté inſtitué de nature pour l'entrete-

nement seulement de l'umeur radical ? or a-
fin de comprendre le tout le plus succinte-
ment & clairement que faire se pourra, je fi-
niray cette premiere partie par ce syllogisme

S'il y à quelque autre chose que l'umeur ra-
dical, laquelle necessaire à la vie de l'homme ne
puisse subsister sans aliment, l'aliment ne peut
estre dit necessaire seulement pour l'entretien de
l'umeur radical.

Les esprits sont autre chose que l'humeur ra-
dical, laquelle, necessaire à la vie de l'homme,
ne peut subsister sans aliment.

Donc l'aliment ne peut estre dit necessaire
seulement pour l'entretien de l'humeur radi-
cal.

Il nous faut maintenant passer à la seconde & troisiesme partie (que M. Ioubert appele seconde & troisieme proposition) ou il
s'efforce de confirmer la mineur de ce syllogisme que i'ay proposé des le commencement: Voyci donc ce qu'il dit.

De ceci on peut colliger(pour la secõde propositiõ
que nous avons à expliquer) qu'il ne faut beau-
coup de nourriture à ceux qui ont la chaleur
moindre & plus lanquide, parce qu'elle ne sem-
ble fort d'efficace à consumer son humidité.

Devant que de paſſer outre, il faut obſerver qu'en cette propoſition M. Ioubert a con
joint la raiſon de la propoſition, en ces mots.

Parce qu'elle ne ſemble fort d'efficace à conſu-
mer ſon humidité. Tellement que la propoſition ſans aucune addition, la voici, *Il ne faut*
beaucoup de nourriture, à ceux qui ont la cha-
leur moindre, & plus lanquide. Or c'eſt vne
regle infaillible, que de deux propoſitions op-
poſees contradictoirement, l'vne eſt neceſſaire ment fauce, l'autre neceſſairement vraye
afin donc de recognoiſtre ſans beaucoup de
difficulté, la verité de cette propoſition, voici
celle qui luy eſt oppoſee contradictoiremēt.
Il faut beaucoup de nourriture à quelqu'vn
qui ha la chaleur moindre & plus lanquide.
Or je di, que cette propoſition n'eſt pas ſeulement veritable ainſi ſimplement propoſee
mais d'abōdant en cette ſorte: Il faut plus de
nourriture à quelqu'vn qui a la chaleur moindre & plus lanquide, qu'a quelqu'vn qui l'ha
plus forte, que ſi je prouve ceci celle de M.
Ioubert indubitablement demeure fauſſe. Il
eſt d'accord que les hōmes d'aage ont moins
de chaleur que les enfans, c'eſt l'autorité de
Hippocrate & de tous les Medecins, c'eſt la

mefme raifon,car puifque la chaleur naturelle (de laquelle il eft ici queftion)ha fon principe & fon fiege en la femence , de laquelle
eft engendré l'homme,il eft certain que puifque apres noftre conception il ne s'adjoufte
plus de feméce, que la chaleur ne va plus que
diminuant de jour en jour, & pourtant Hipp.
dit que l'homme eft tref-chaud le premier
jour. Ceci fuppofé je demande , fi l'homme
de quaráte ans ne mange pas beaucoup plus
que l'enfant de deux outrois jours,fi on poife
l'alimét de l'vn contre l'aliment de l'autre,la
difference fe trouvera tref-grande , & qui ne
fcait que de jour en jour on augméte la nourriture de l'enfant? fi quelqu'vn dit que par le
mot de chaleur M. Ioubert a entendu la qualité de la chaleur , en fa propofition , & que
partát elle demeure toufiours veritable, d'autant que plus l'enfant croift, & plus acre devient cette qualité que c'eft l'occafion qu'on
augmente leur nourriture. Ie refpons que ce
n'eft en cette forte qu'il l'a entendu: veu que
pour confirmer fa propofition il met en premier lieu, les enfans pour manger beaucoup
puis les adolefcens , au troifiefme , ceux qui
ont attaint l'aage confiftente, & au contraire

il luy eu falleu mettre en premier lieu ceux ci puis les adolefcents,& au dernier les enfants. Quelqu'autre dira que c'eft contre l'autorité d'Hippocrate , que je di que les hommes de quarante ans mangent plus que les enfants. M. Ioubert mefme ne s'eft oublié de fe fervir de fon autorité en ce lieu , pour la confirmation de fa propofition. *Et pource les vieux andurent*(dit-il) *facilement le ieune,comme dit Hippocr. an fegond lieu , ceux qui font au plus fort de leur aage: moins les adoleffans , le moins de tous les enfants, & entre autres ceux qui ont l'efprit plus vif, & font plus vigoureux.* Mais fi on ne veut faire combattre Hippocr. contre l'experience , on fera toufiours contraint de m'accorder que par le mot de jeune il n'a voulu fignifier autre chofe que l'interuale des repas, & non la quantité de l'aliment , ce qui fe pourra facilement recognoiftre par les precedents Aphorifmes car au 9. 10. 11. & 12., il veut qu'on regarde quelle eft la maladie,quels font les acces , & quelles font les forces, pour deuëment prefcrire combien de temps il faut eftre fans manger , & en quel temps de la maladie il faut manger, au treziefme donc continuant la mefme doctrine, il

enfegne qu'elles font les ages , qui peuvent
plus ou moins de temps durer fans manger.
Il eft donc bien vray qu'vn homme de quarante, ou cinquante ans, pourra pluftoft fe
paffer de manger, deux jours fans danger de
fa vie, qu'vn enfant d'vn ou deux jours. Mais
il ne s'enfuit que l'enfant, encore qu'il ait plus
de chaleur que l'homme de cinquante ans,
requiere plus d'aliment pour fa nourriture,
c'eft à dire que l'aliment de l'enfant foit en
plus grande quantité que celuy de l'homme
de quarante ans,ce qui feroit pourtant neceffaire fi la propofition de M.Ioubert eftoit veritable. Si eft ce dira quelqu'vn,que fi elle ne
l'eft que l'Aphorif. 14. d'Hipp. du prem. liv.
ne le fera auffi. Lequel eft allegué par M.Iou
bert en ces mots, voire pour preuve de fa pro
pofition, ainfi que le precedant. *Car ceux qui
croiffet ont beaucoup de chaleur naturelle, donc
ils ont befoin de beaucoup d'aliment,autrement
le corps fe confume.* A la verité fi en ce lieu le
mot de chaleur ne fignifie que la qualité a-
gente & confumante j'ay fans doute perdu
ma caufe,mais fi je monftre qu'il fignifie auffi, & doit eftre pris en ce lieu, pour la chofe
qui patit & eft confumee, ne fera-ce point à

bon droict que je maintiens la propofition
de M. Ioubert eſtre fauce? auſſi bien que ce
qu'il adjouſte incontinent en ces mots.

Donques la proportion & meſure des aliments
& ordonnee à raiſon de la chaleur , ſans autre
arſegnement que de nature.

Or il eſt tresfacille à demõſtrer tant par la
raiſon, que par l'autorité qu'Hippocrate par
le mot de chaleur, n'a entendu parler en ce
lieu de la ſeule qualité, mais auſſi de l'humeur
radical, la raiſon , c'eſt que ſi il eut voulu ſi-
gnifier la qualité ſeulement , ſon Aphoriſme
eut eſté neceſſairement faux , comparât ceux
qui croiſſent, à ceux qui ont ceſſé de croiſtre,
pource que la chaleur eſt plus acre en ceux ci,
qu'en ceux la, tellement qu'il luy eut fallu dire, ceux qui ont attaint l'aage confiſtante (&
non ceux qui croiſſent) ont beaucoup de cha
leur naturelle , dont ils ont beſoin de beaucoup d'aliment &c. Quant à l'autorité voyci
Gal. lequel au commentaire de cet Aphoriſ.
"eſcrit. Mais Hippocr. par le nom de chaleur
" ne ſignifie pas vne qualité , mais vne ſubſtance. Et bien dira quelqu'vn , il à entendu
vne ſubſtance agente, ce ſera donc touſiours
à la chaleur ſeule , entant qu'elle agit, qu'il

faudra regarder. Si cela eſt Galien n'entendit
jamais Hippocr. Or voici ce qu'il à eſcrit au
" meſme cõmentaire. Hippocr. donc ayant
" propoſé de faire vne doctrine cõpendieuſe
" & aphoriſtique en ce livre, n'a pas amplifié
" ſon diſcours, cõme moy maintenant; mais
" au lieu de ces paroles ici, les corps qui croiſ-
" ſent, encore qu'ils ayent eſgale ſubſtance
chaude & ignee, avec ceux qui ſont en l'eſtat
" de l'aage vigoureuſe, ils ont pourtant plus
" de ſubſtance aqueuſe & aride, il à dit ainſi,
" ceux qui croiſſent ont beaucoup de cha-
" leur naturelle, par ces paroles reduiſant en-
" ſemble en la memoire, la ſubſtãce des corps
" qui croiſſent, & enſemble demonſtrant ſon
" intention. Car d'autant que les corps qui
" croiſſent ont la ſubſtãce humide & chaude,
" pour cette raiſon il eſt neceſſaire qu'il s'eſ-
" coule beaucoup de ces corps, & ont beſoin
" de beaucoup d'alimẽt, autrement le corps
" dit il, eſt conſumé, & ceci eſt bien dit, car
" ou il s'eſcoule beaucoup & ſe reçoit peu, il
" eſt neceſſaire que la ſubſtance qui patit ces
" choſes, ſe corrompe. Voila ce que dit Gal.
on ne ſcauroit plus clairement enſegner que
l'intention d'Hippocrate n'a point eſté en cet

Aphor. de raporter la mesure de l'alimēt à la chaleur seulement, mais à la cōsomption qui se fait en nostre corps, laquelle il veut ne dependre pas moins du patiant que de l'agent, & de fait, puisque il n'y a point d'agent sans patiant, comment pourroit on l'imiter l'action, par la contemplation de l'agent seulement? C'est vne chose impossible, car il est certain qu'encore qu'vn agent soit fort, qu'il n'executera autant qu'vn plus foible de beaucoup. Si on luy oppose vn patiant qui proportionnement resiste beaucoup plus que celuy du foible agent, pour exemple vn petit feu aura plustost cuit vn petit poulet, que le triple de ce feu vne grosse piece de bœuf. Or il y à des corps qui naturellement resistent plus à la chaleur les vns que les autres, de sorte que bien souvent, le corps ou y aura plus de chaleur, ne sera celuy auquel se fera plus de degast de l'humidité radicale, Gal. ne s'est oublié de remonstrer ceci au comment. de l'Aphorisme cy devant cité, ou entre autres cho-
" ses voici ce qu'il dit, Car des corps qui sont
" parvenus à semblable chaleur, il ne s'escou-
" le pas egale portion, mais des corps secs il s'escoule fort peu, des corps humides beau-

coup, & continuant ce propos, il demonstre
par la côparaison de ce qui se dissipe de l'eau
& de l'huille, au prix de ce qui se resout des
pierres, du fer du cuivre, estants tous exposez
en pareille quantité, par l'espace d'vn jour au
soleil. De ce lieu & des autres maintenant citez quelqu'vn pourra inferer contre moy,
qu'il faut donc plus d'aliment à l'enfant d'vn
an qu'a l'homme de trante ans, d'autât qu'il
ha plus de chaleur & le corps qui patit resiste
moins, acause qu'il est plus humide, je suis d'a-
cord que prix pour prix il leur en faut plus,
c'est à dire, que côparant l'aliment que prend
l'enfant, au corps de l'enfant, & celuy de
l'homme au corps de l'homme, que l'enfant
pour son corps en prent plus que ne fait l'hôme pour le sien, mais comparant l'aliment à
l'aliment seulement, celuy de l'homme de
trente ans est beaucoup plus copieux que celuy de l'enfant d'vn. Or l'enfant ha beaucoup
plus de chaleur que l'hôme : c'est pourquoy
je côclus donc que la propositiõ que j'ay op-
posee contradictoirement à celle de M. Ioubert, par laquelle j'affirme qu'il ne faut beaucoup de nourriture a qulqu'vn, qui ha la chaleur moindre & plus lanquide, voire qu'il en

faut plus que à quelqu'vn qui ha la chaleur
plus grande est vraye. & que la mesure de la
quantité de l'aliment, ne doit ny ne peut estre prise de la chaleur seulement, mais de la
côsomption qui se fait au corps. Que l'Aph.
14. cy devant cité, & le cômentaire de Gal.
sur iceluy-demonstrent & enseignent clairement cette doctrine, en laquelle Gal. persi-
ste en plusieurs lieux, comme au 1. livre de
conserver la santé, & au comment. de l'Aph.
"30. du 3.livre ou il dit que de tous les aages
" celle qui decline ha besoin de fort peu de
" refection, d'autant que ce qui se dissipe est
fort peu. Et au comment. du 15 Aphor. du
1. livre, il faut donc que la quantité de l'aliment soit proportionné à la quantité de ce
qui s'escoule. Finalement puisque la faim est
vn sentiment de l'aliment necessaire pour reparer ce qui est consumé, & ce qui defaut,
ne regarderons nous pas plustost à ceci pour
scavoir combien il faut d'aliment pour la re-
paration & refection, qu'a ce qui est seulement en partie cause de la côsomption? l'ad-
jousteray encore ceci pour ce qui est de la
proposirion de M. Ioubert, qu'elle ne peut
estre receuë pour bonne & vraye d'autant
qu'en

qu'en icelle, est assigné pour seule cause, ce
qui ne l'est point seule, car l'alimét n'est point
donné pour la côservation seulemét de l'humeur radical, mais aussi des esprits tant vitaus
qu'animaux, ainsi que j'ay demonstré en la
premiere partie.

Car la faim, ou l'appetit qui suit la necessité
naturelle des alimants, & sa regle certaine.

M. Ioubert ayant conclu cy devant que
la mesure, & proportion des aliments se prát
de la chaleur, à voulu enseigner comment
on pourroit recognoistre ceci, & pourtant à
adjousté ces mots, *sans autre ansegnement*
que de nature. Mais cela ne luy à semblé suffisant, car on eut peu demáder, quel estoit cet
ensegnemét naturel, à cette occasió il à enco
re adjousté, *car la faim ou l'appetit &c.* & à vou
lu que ce soit la regle certaine qui ensegne la
proportion de l'aliment à la chaleur. Mais
l'experiêce de ceux qui relevent fraichement
de maladie, demonstre assez le contraire, car
il est certain, qu'écore qu'ils appetent beaucoup à cause de la grande consomption qui
s'est faite durant la maladie, que ce neant--
moins à cause de la debilité de la chaleur on
dône peu d'aliment, lequel pour subvenir & à

l'appetit & à la confomption eft fouvent rei-
teré. Quant à ce qui eft de la raifon nous fa-
vons qu'encore que l'action & l'office de l'e-
ftomac en ce qui eft d'apeter &chylifier, foit
public, qu'il fait pourtant le tout côme pour
foy, & felon fa naturelle difpofition,tellemét
que fi de fa nature il eft chaud il cuit mieux
qu'il n'appete , s'il eft froid il ha vne grande
force pour appeter & bien petite pour cuire,
ainfi qu'enfeigne Gal. au liv. de l'art de Medecine chap. 62. & 63. Il y à plus , c'eft que
bien fouvét,ou il n'appete,ou il appete moins
qu'il n'a accouftumé, & ce felon les diverfes
affections qui font en luy. M. Ioubert lad-
voüe au premier fueillet de la troifiéme par-
" tie de fon Paradoxe. Il peut bien eftre(dit-
" il)que tãdis que l'eftomach refufe la vian-
" de(par ce qu'il n'ha befoin de nouvelle paf-
" ture) les autres membres endurent faim
" naturelle, laquelle n'eft pas fenfible , dont
" ils languiffent & s'amaigriffent , fi on ne
" leur ottroye de la nourriture, parquoy fou-
" ventefois il vaut mieux luy prefenter de la
viande, fans attendre qu'il foit venu à bout
du refte. Nous voyons donc tant par l'experience, que par la raifon, & l'autorité de Gal

& de M. Ioubert mefme, que cette regle n'eft tant certaine qu'il l'a dit, & qui plus eft n'eft la regle de la chaleur mais de ce qui defaut. Quelqu'vn pourra dire que par ce que j'ay eſcrit, de ceux qui relevent fraichement de maladie je confirme pluſtoſt la concluſion de M. Ioubert que je ne l'impugne d'autant que j'ay dit qu'a cauſe de la debilité de la chaleur on donnoit peu d'aliment, encore que eu eſgart à la conſomption il en falloit beaucoup. mais c'eſt mal entendre & çe que je impugne en cet endroit & ce que je defens en toute cette ſeconde partie, or par l'exemple allegué, je n'ay voulu demonſtrer autre choſe, ſinon que cela eſt faux que la faim preſcriue la quantité de l'aliment ſelon la chaleur, quant à ce que je defens c'eſt que la meſure de l'aliment doit eſtre priſe de la cõſomption mais cela n'exclu la conſideration & l'egart qu'on doit avoir de la chaleur, d'autãt qu'elle eſt la principale cauſe de la concoction : mais *Les laboureurs, artiſans, & autres qui travaillent tout le iour aux fortes beſongnes ſont con-- trainĉts d'vſer grande quantité de viande &c.*

En cet endroict M. Ioubert par l'exemple des gens de travail veut prouver que la

faim eſt la regle de la chaleur & la chaleur de
l'aliment, d'autant (dit-il) que la qualité de
la chaleur devient plus acre , & conſume plus
par l'exercice , la faim preſſe davantage ,
& pour cette raiſon la ou y aura plus de chaleur il faudra plus d'aliment, & partant ce ſera ſelon la chaleur qu'il faudra meſurer l'aliment: Ie reſpons, qu'en ces gens M. Ioubert
ſuppoſe la chaleur plus forte en vn temps
qu'en vn autre , quant à ce qui patit , c'eſt
touſiours la meſme choſe , en ce cas, il ſuffit
donc d'avoir egart à la chaleur ſeulement,
d'autant que l'indication de ce qui patit demeure touſiours vne & ſemblable à ſoy-meſ-
me , or la chaleur y eſtant plus grande , & la
reſiſtance touſiours ſemblable, la conſomption infailliblemét y eſt plus grande, de ſorte qu'on en revient touſiours la , qu'a cauſe
de la plus gráde conſomption il faut plus d'a-
liment,& loy meſme n'a peu s'empeſcher de
dire qu'il faut plus d'aliment à ces gens, *d'autant que la chaleur naturelle devient plus acre,
& conſume plus par l'exercice.* Ceci donc ne
prouve point que l'aliment ſe meſure ſelon
la chaleur ſeulement , mais bien que l'agent
eſtant fortifié , & le patiant non , la conſom-

ption en est plus grande : ainsi que Galien re-
móstre qu'aux picrocholes c'est à dire bilieus
l'abstinence est tresnuisante, & que de jeuner
ils tombent en trespiquantes, & tresaiguës
fievres.

S'il n'y à point de differance entre manger
beaucoup, & máger de loin à loin, pourquoy
est ce que M. Ioubert disoit tantost, *tellemēs*
que ceus ont besoin de copieus & plus frequent
aliment , qui ont plus souvent & grand appe-
tit, ceux qui n'an ont point, ou peu , & moins
souvant, n'ont pas afaire qu'on leur donne ali-
mant, sinon fort peu, & par long intervales , &
puis les laboureurs sont contraints vser gran-
de quantité de viandes, & de repas coup à coup
reiterés. Si il y a differance, comme c'est la verité, ce qu'il allegue de Galien touchant les
picrocoles ne fait rien pour luy. Car il est bien
vray, qu'Hippocr. & Gal. tiennent qu'il ne
faut pas commander des abstinenses non ac-
coustumees à telles gens , mais il ne s'ensuit
pour cela, qu'ils commandent qu'ils mágent
beaucoup, qui voudra voir ceci bien ample-
ment, qu'il prenne la peine de lire depuis le
24. jusques au 30. articl. du second liv. d'Hip.
de la façon de vivre aux maladies aiguës, &

C iij

le comment. de Gal. & la il verra , que ceux
mefme qui font de toute leur habitude pituiteux (qui font ceux que M. Ioubert veut pouvoir vivre fans manger) s'ils font picrocoles
en la partie fuperieure du ventre , ont vne pareille difficulté à fupporter l'abftinence , que
les autres: qui eft affez pour juger que leur
intention n'a pas efté d'ordonner que telles
gens mangeaffent beaucoup, mais que leurs
repas ne fuffent de loin à loin, d'autant que
faifants autrement l'humeur bilieux devient
plus acre, s'amaffe dans le vé tricule en grande quantité , caufe des inquietudes , mal de
cœur,& autres tels accidents, defquels ils font
mention aux lieux citez.

Les fanguins endurent plus facilement le ieu-
ne, parce que l'humide fuftantifique redonde en
eux, & l'alimantaire auſſi.

Concluons donc d'ici que les enfans, les
adolefcens, & ceux qui font en l'age confi-
ftante doivent porter beaucoup plus facilement le jeune que les vieillarts, & par confe-
quent, l'Aphor. d'Hippocr. que M Ioubert
à allegué au commencement de cette feconde partie, pour prouver que les vieillarts portent mieux le jeune que tous ceux ci, eft faux.

Si on dit qu'il cõpare les ſanguins aux bilieux & que c'eſt en ce cas qu'il entend qu'ils por-tent mieux le jeune , je reſpons , qu'il ſe peut bien faire qu'eux n'ayants l'eſtomach eſpoin-çonné de la bile , ils ne reſſentiront les in-commoditez & aſſaux, que livre la bile en vn eſtomach vuide , & que pourtant ils peu--vent eſtre plus long temps ſans mãger , mais que la cõſequence n'eſt neceſſaire pour man ger moins , ains au contraire , ie di qu'ainſi que les enfants mangent plus que les hom--mes, cõparant leurs corps à celuy des hom-mes, d'autant qu'il ſe fait en eux vne plus grande diſſipation, qu'aux hommes , que de meſme entre les hõmes il ſe peut faire qu'il faut plus à manger à quelques vns en qui re-donde l'humide ſuſtantific, que non pas à beaucoup de bilieux ſecs de leur naturel.

Davantage leur chaleur eſt plus remiſe moins aigue, comme etant grommee de l'humidité.

Voici vne autre raiſon pour laquelle les ſanguins mãgent moins que les bilieux, c'eſt que leur chaleur eſt grommee de l'humidité, dit M. Ioubert. Or je demande ſi la chaleur en ſa qualité, n'eſt pas moins acre en l'enfan-ce, qu'en l'adoleſcence , & en l'adoleſcence qn'en la virilité, fi en ceux la l'humidité n'eſt pas plus copieuſe qu'en ceux ci, & toutefois il veut des le commencement de cette ſecon de partie, que les enfants mangent plus que les adoleſcents, & ceux ci plus que ceux qui ſont en l'age virile. Les femmes, & filles, n'õt elles point naturellement la chaleur & moindre, & plus grommee d'humidité, que les hommes? & toutefois qui ne voit qu'elles mangent ordinairement pour le moins autant que les hommes? Si on dit que les evacuations qu'elles ont tous les mois ſont en partie cauſe qu'elles mangent davátage, que ainſi ſoit (encore que c'eſt vne choſe qui ſe pourroit diſputer) tant y à donc que c'eſt la conſomption, ſoit viſible, ſoit inviſible, qu'il faut conſiderer pour preſcrire l'aliment.

S'ils ne prennent aucun plaiſir à l'exercice, ains ſont touſiours en repos, pareſſeux & endormis comme glirons, ils ont peu d'appetit & tard.

Ceci n'eſt aucunement neceſſaire, veu que les petis enfans qui dorment la plus part du temps, tetent incontinent qu'ils ſont eſveillez, voire au meſme temps qu'ils ſont hors le ventre de leur mere, encore qu'ils n'y ayent jamais apris à teter (quoy qu'on aye vouleu

faire accroire à Hippocr. que c'avoit esté son
opinion) Cependant ce n'est sans necessité,
n'y sans appetit, puisque le souvenir du plaisir qu'ils pourroient autrefois avoir pris à teter n'en peut estre la cause, la memoire estant
en eux encore par trop debile. Mais quant il
n'y auroit aucun appetit , il ne s'ensuivroit
que le manger ne seroit necessaire , veu que
j'ay demonstré cy devant par M. Ioubert
mesme, qu'il se peut faire que l'estomach
n'appete point,& que cependāt les membres
languissent de faim.

Quand donc il n'y à point d'appetit il est
raisonnable que la chaleur agit en autre humi-
dité, laquelle est excrementeuse &c.

Il se peut faire que l'appetit manquant, la
chaleur agisse en vne autre humidité, qu'en
l'alimentaire, mais seulement en celle la , &
non en celle ci, je le nie, car la chaleur ne peut
estre nourrie & entretenue de l'excrement
comme on pourra voir en la troisiesme partie de ce discours.

Cet la segonde raison, pourquoy les vieillars
portent le ieune plus aisement , & sans incom-
modité, savoir est, d'autant &c.

Ie suis d'accort que la chaleur estant foi-

ble, il s'accumule vne grande quantité de pituite, qui donne de la peine à la chaleur, voire quelquefois tant qa'il s'en enfuit vne en--
tiere extinction & fuffocation de la chaleur
naturelle, mais que cette pituite foit vne des
caufes pour laquelle les vieillarts portent facilement le jeune,c'eft ce que je nie. Mais dira quelqu'vn le jeune n'eft il point recom-
mandé en la reception ? donc les vieillarts
plains de pituite, porteront plus facilement
le jeune,cette confequence n'eft aucunement
neceffaire,car mefme celle ci(qui eft celle qui
fe peut inferer en cet antecedant) donc les
vieillarts plains de pituite porterõt facilemẽt
le jeune, ne l'eft point, ce que je fais voir fur
la fin de cette feconde partie.

De la vient que les beftes exangues &c.

En cet endroit M. loubert fait vne indu-
ction de quelques beftes pour prouver la mineure du fyllogifme , que j'ay tiré de ce difcours,des le commencement, c'eft afcavoir
la chaleur peut longuement fubfifter en quel
ques animãts fans mãger,& d'autant que fur
la fin de la troifiefme partie,il en fait vne autre pour mefme effect, des plantes , & quelques autres beftes, j'ay remis tout en cet en-

droict la pour continuer ce qui femble plus
conjoint a ce qu'il à maintenant traicté des
vieillars, il dit donc fur la fin de cette feconde partie.

*Donques comme les vieillars à raifon de leur
froideur, n'ont pas grand appetit, & n'ont befoin de grande nourriture, ainfi toutes les complexions qui ont plus de froid que de chaud du-
rent plus long temps fans viande.*

Ie demande fi cette propofition n'eft pas
veritable, que l'actiõ de tout corps mixte fuit
la qualité qui domine par deffus les autres,
pour exemple, fi les actions du poivre ne pro-
cedent pas de la chaleur, comme de la caufe
inftrumentale. D'autant que la chaleur eft la
qualité qui excede les autres, je croy que per
fonne ne me denira cette demande, pour le
moins je m'affeure qu'on m'accordera que
l'action ne peut proceder de la qualité fur laquelle vne autre ha le deffus, il s'enfuit donc
neceffairemét ou qu'il n'y a point de cõple-
xion de corps vivãt plus froide que chaude,ou
que fi il y en a, que la chaleur de cette cõple-
xion eftant furmõtee par le froid, n'eft point
la caufe inftrumétale de la vie, mais quelque
autre chaleur, ainfi qu'il femble qu'à vouleu

Arist. au second livre de la gener. des anim.
chap. 3.ou il dit que le feu ny la chaleur pro-
cedante d'iceluy, n'est point la chaleur laquel
le est contenue dans les animaux, pour neant
donc M. Ioubert allegue ces complexions
plus froides que chaudes, puisque le froid ne
peut estre la cause instrumétale de la vie, mais
la chaleur, quelle qu'elle soit , car elle aura
tousiours son action par dessus le froid, & cet
te action ne sera sans consomption de l'hu--
meur radical, ainsi que je fay voir en la troisiesme partie.

Mais afin qu'vn chacun recognoisse combien cette proposition *Donques côme les vieil-*
lars a raison de leur froideur &c. est veritable
aussi bien que ce qu'il à voulu cy devant inferer en ces mots. *C'est la segonde raison pour-*
quoy les vieillars portent le ieune plus aisement
& sans incommodité, d'autant qu'outre la pe-
titesse & foiblesse de la chaleur, ils ont à raison
de ceci vn grand amas d'excrements pituiteux.
Voicy Gal. qui au comment. du 13. Aphor.
du 1. liv. d'Hippocr. nous fournit d'vn vieillart si chargé d'ans qu'a grand peine peut il
encore vivre vn mois, si plain d'excrements
qu'on peut dire le sac estre plain, je demande

si on luy ordonnera le jeune, nullement du
« monde. Car il patit quelque chose de sem-
« blable aux lapes presque esteintes (dit Ga-
« lien) lesquelles demandent qu'on leur ver-
« se continuellement de l'huille, jaçoit qu'el
« les n'en puissent porter vne grãde quantité
« versee tout en vn coup, ainsi aux vieillarts
« il leur faut donner peu, & ce peu le diviser
« en plusieursportions, & ne leur enjoindre
vn long jeune. L'experience confirme cette
autorité, car ceux qui ont en gouvernement
quelques decrepits scavent qu'il leur faut à
manger à toutes heures. Ce texte de Galien
servira pour confirmer ce que j'ay dit cy devant parlant des picrocholes, c'est ascavoir,
que manger beaucoup, & ne pouvoir porter
le jeune n'est pas mesme chose.

Et qu'ont besoin de nouvelle pature ceus aus-
quels la naturelle ou l'appliquee ne se consume
point, & que consumera la chaleur languissãte?

Ie respons que ces deux choses sont incom-
patibles, qu'vn corps vive, & que la chaleur
soit si languissante qu'elle n'aye la force de
consumer quelque chose de sa pasture naturelle, ce qui se peut facilement demonstrer
par M. Ioubert mesme, qui en la premiere

" partie de ce Paradoxe dit que la pasture de
" la chaleur(qu'il recognoist en ce lieu estre
"l'humeur radical)estant cõfumee,la chaleur
" s'esteint quant & quant , & que tant que
" cette humidité vtile & agreable peut nour-
" rir la chaleur vitale, autant vit l'animal, ou
la plante.Si donc la chaleur est si languissante
qu'elle ne consume rien de cet humeur radical lestinction de la chaleur s'en ensuivra, car
le mesme accident qui arrive à la chaleur, cet
humeur defaillant arive la chaleur n'agissant
contre cet humeur. Car l'humeur radical ne
sert à la chaleur naturelle,sinon qu'étant que
l'esprit principe de la chaleur par son action
en change continuellement quelque portion
en sa substãce. Venons maintenant à la troisiesme proposition.

La seule petite chaleur ne rend pas l'absti-
nence plus facile, ains aussi l'abondance de l'hu
meur superflu qui amuse la chaleur naturelle.

Cette proposition est tiree du precedent
discours ainsi que M. Ioubert l'advoüe en ces
mots, *on peut tirer d'icy la troisiesme proposi-*
tion, qui servira de preuve à la conclusion pro-
posee. Son intention donc,est de prouver que
la petite chaleur de laquelle il à tant parlé, e-

ſtant cauſe de l'humeur ſuperflu , en eſt auſſi
entretenue,de ſorte que l'humeur radical,n'e-
ſtant point conſumé, d'autant que la chaleur
nagit alors contre luy (ainſi qu'il pretent) il
s'enſuit que les corps ſe peuvent paſſer d'aliment. Or en cette propoſition il y à trois par
ties à conſiderer,la premiere conſiſte en ceci.

*La ſeule petite chaleur ne rend pas l'abſtinen-
ce plus facile.* La ſeconde en ce qui ſuit , *ains
auſſi &c.* la troiſieſme en ceci *qui amuſe la
chaleur naturelle.* Si la premiere partie eſtoit
conſideree ſans la ſeconde elle ſeroit negati-
ve,mais la côſiderant en la ſorte que l'a cou-
chee M. Ioubert elle affirme que la ſeule petite chaleur rend l'abſtinence facile , elle ha
pour fondement la ſeconde propoſition,voi-
re c'eſt elle meſme.l'ayant donc demonſtree
fauce par cy devant , je laiſſe à juger au Lecteur ſi elle peut ſubſiſter,pour ce qui eſt de
la ſeconde partie, je nie auſſi que la ſeule petite chaleur ſoit cauſe de l'abondance de l'hu
meur ſuperflu. Car je donneray vn corps lequel aboudera en chaleur , qui cependant a-
bôdera plus en excremēts,qu'vn autre auql y
aura moins de chaleur, & ceci ſuffira pour juger que la ſeule petite chaleur n'eſt point la

caufe de l'abondance de l'humeur fuperflu,
mais aufſi la trop grande abondance des aliments, la mauvaife qualité d'iceux, l'imbeci-
lité de la faculté expultrice, le fentiment des
parties plus obtus, & telles autres affections,
lefquelles pourront eftre en vn corps qui aura beaucoup de chaleur & non en celuy qui
en aura moins, refte la troifiefme partie qui
eft en fomme que l'abondance de lhumeur
fuperflu amufe la chaleur naturelle, fi M. Ioubert eut adjoufté, en partie, il n'y avoit point
de difficulté à accorder ceci, mais ayant propofé fimplement ce qui ne fe peut admettre,
que *fecundum quid*, felon quelque chofe (ainfi que parlẽt les Philofophes) c'eft pourquoy
je di, que la propofition peche encore en cette troifiefme partie, or que la chaleur naturel
le quelque languiffante qu'elle puiffe eftre,
ne peut s'amufer feulement à l'humidité fu-
perfluë, je ne le veux demonftrer que par fa
propre authorité, premierement en la con-
clufion de la feconde partie ayant dit *Et que*
confumera la chaleur languiſſante? il adjoufte.
Si elle confume quelque chofe, & il y a abon-
dance de chofe qui luy refifte, on ne fentira pas
ce befoin incontinent, ains apres vn long temps.
                                                            Ou

n voit qu'il eſt ici contraint de confeſſer, que la chaleur cõſume quelque choſe de ſon humeur, encore que pour accorder ceci, avec ce qu'il avoit dit deux lignes auparavãt en ces mots, *Et qu'ont beſoin de nouvelle paſture ceux aũſquels la naturelle ou l'appliquee ne ſe cõſume point? & que conſumera la chaleur languiſſante?* Il dit qu'on ne ſentira pas ce beſoin incontinent, ains apres vn long temps, ſecondement au commencement de la premiere partie voici ce qu'il dit, *Cet le premier (ou principal) humeur* (il parle de l'humeur radical) *commun à tous vivans, auquel ſied premierement & par ſoy l'eſprit, muny de la chaleur, tellement que l'eſprit ne la chaleur peuvent etre, ou durer longuement, ſans l'ayde dudit humeur.* Or l'aide que donne cet humeur à la chaleur, c'eſt qu'il ſoit changé en l'eſprit de la chaleur par l'action de la chaleur ainſi que l'huille en la flamme par la flamme, donque la chaleur naturelle qu'elle languiſſante qu'elle ſoit, ne s'amuſe ſeulemẽt à l'humidité ſuperflue, puiſque elle ne peut ſubſiſter, ſi elle n'agit auſſi contre l'humeur radical. Cependant je prie le Lecteur d'obſerver ſi ce dernier texte ne cõtredit pas manifeſtement à celuy que j'ay

D

allegué en premier lieu: car en celuy la il dit
qu'a caufe de l'abondance de l'humeur fuper
flu, on ne fétira le befoin de la chofe côfumee
de l'humeur radical, par la chaleur languiffante, finon vn long temps apres, & en celuy cy il dit, que n'y l'efprit, n'y la chaleur
peuvent eftre ou durer longuemêt, fans l'ayde de l'humeur radical. Or paffons outre, &
voyons, comment cette chaleur eft amufee,
par l'abondance de l'humeur fuperflu.

Car ce que fait l'aliment touiours efpars, ar-
roufant les parties & abreuvant l'humeur na-
turel, cela mefme fait quelquefois le copieux hu-
meur excremêteux, accumulé en nos corps, quãd
il rebouche lacrimonie & force de la chaleur.

Ie n'avois encore jamais leu que l'vfage
de l'aliment fut de reboucher l'acrimonie &
force de la chaleur, finon en quelques parti-
culiers, tels que font les picrocholes defquels
nous difons la bile eftre moderee, & rendue
moins amere:& moins acre, par la mixtion de
l'humidité alimêteufe, encore moinsde fe pre
fenter pour eftre côfumé au lieu d'vne meilleure fubftance, pour le premier je ne me fou-
cie de le refuter en ce lieu, entendu que tant
s'en faut qu'il m'importe de le conceder que

pluſtoſt il m'eſt profitable, car il s'éſuivra neceſſairement que puiſque la chaleur eſt ſi petite & ſi foible aux corps deſquels il eſt queſtion, que l'excrement qu'il ſubſtitue au lieu de l'aliment luy ſera inutile, & dommageable, & que n'ayant beſoin d'eſtre rebouchee elle aura au contraire neceſſairement beſoin d'eſtre reſtauree & fortifiee par quelques bons aliments, pour cette raiſon les Medecins conſeillent le vin pur aux vieillarts, ſuivāt ce qu'enſeigne Galien au 5. liv. de conſer. la " ſanté, ou il dit que d'autant que le vin eſt " ennemi des enfans, il eſt ami & propre aux " vieillarts pource qu'il fortifie leur chaleur. Quant à l'autre vſage, il ſe peut aiſement improuver par la façon de parler, car qui ne ſait qu'on dit ordinairemēt, que l'alimēt eſt donné pour reparer ce qui à eſté cōſumé? oyons M. Ioubert meſme en la ſeconde partie de ſon Paradoxe. *Ce qui defaut & manque à chaque particule, eſt l'aliment, qui ſoit ſubſtitué au lieu de la ſubſtance qui s'eſcoule perpetuellemēt & plus bas, car le beſoin des aliments eſt pour reparer ce que perpetuellement s'eſcoule,* l'aliment donc n'eſt point donné pour eſtre conſumé, mais pour reparer ce qui à eſté conſu-

mé, il s'enſuit donc auſſi,que puiſque l'excrement tient la place de l'aliment,& ha meſme
vſage que l'aliment, quelquefois qu'il faudra
qu'il repare quelquefois ce qui eſt côſumé, je
nepéſe pas que perſonne vouleuſt entrepren-
dre de prouver ceci, ſi on dit que l'intention
de M. Ioubert eſt d'enſeigner comment il ſe
peut faire que la chaleur ne conſume point
ſon humeur radical:& qu'il accomplit ceci,en
monſtrant que la chaleur eſtant empechee à
conſumer l'excrement elle ne conſume rien
de ſon humeur radical. Ie reſpons que ſi M.
Ioubert à fait ce coup, que veritablement il
à raiſon, mais ce n'eſt rien que de le dire, il le
faut prouver, juſques à preſent je n'en ay leu
encore aucune preuve, ſi on ne veut dire que
elle ſoit contenue en ce qui ſuit.

Pource le ventricule eſtant plain de pituite
(ſinon qu'elle fut aigre)nous n'avôs point d'ap-
petit, & dedaignons les viandes.

Mais je reſpons en vn mot, que le deſap-
petit du ventricule n'eſt point vn ſigne que la
chaleur ne conſume point ſon humeur radical,qu'on peut aiſement juger par ce que j'ay
deſia dit de l'appetit , en la ſeconde partie, il
y à plus, l'experiéce nous en fait foy, on voit

vn malade d'vne fievre continue,n'y appeter
(hors mis de l'eau) aucune chofe l'efpace
d'vn long temps, durant lequel la chaleur le
devore & la graiffe & la chair mufculeufe,on
peut voir le femblable par les fievres hecti-
ques efquelles la chaleur côfume mefme l'hu
meur radical, M. Ioubert fi je ne me trompe
côfiderant ces chofes à adjoufté ce qui fuit.

*Il peut bien eftre que tandis que l'eftomach
refufe les viandes(parce qu'il n'a befoin de nouvelle pafture) les autres mambres endurent
faim naturelle &c.*

Mais ce nonobftant il veut qu'en cas que
l'excremêt foit efpandu par tout le corps,que
fon dire ait lieu, & pourtant il dit.

*Si tout le corps vniverfellement eftoit plain de
mefme humeur que l'eftomach , chaque partie
n'appeteroit non plus que luy,& n'auroit befoin d'autre aliment,tandis que tel humeur fuffiroit à la chaleur.*

Comme je croy,que fi M. Ioubert eut pen-
fé que ceci eut peu fe prouver , qu'il ne s'en
fut oublié, auffi croy-je que c'eft vne chofe
impoffible. Or avant que de paffer outre , il
faut noter que ces derniers mots , *tandis que
tel humeur fuffiroit à la chaleur*, prefuppofent

vne conceſſion de ce que nous avons denié
cy devant, aſçavoir, que l'excremēt puiſſe tenir la place de l'aliment, & avoir meſme vſage que luy quelquefois, quant à ce qui precede, je ne veux pour le refuter autre choſe que
l'exemple de ceux qui ſont affligez de l'hy--
dropiſie, appelee hypoſarche, en laquelle
nous voyons toutes les parties remplies de
pituite, ces malades encore qu'ordinairemēt
ils n'appetent (& s'ils appetent c'eſt contre
les maximes de M. loubert) & qu'ils ſoyent
vniverſellement plains comme vn œuf, ne
laiſſent d'avoir beſoin de manger, & ſans iceluy ne pourroyent guere ſubſiſter, au demeu-
rant comment pourra on cōclurre, que pour
ce que le vētricule n'appete plus eſtant plain
d'excremēts, que de meſme les parties n'appetent plus eſtants farcies de meſmes excrements. Car l'appetit de toutes les autres parties eſt naturel, celuy de l'eſtomach duquel il
eſt maintenant queſtion, eſt animal, il n'eſt
donc neceſſaire que meſme cauſe les change
& altere de meſme façon, & produiſe en eux
meſmes accidents, & de fait l'eſprit animal
peut bien eſtre trompé, ſi bien qu'on l'appai-
ſera pour peu de choſe, mais le naturel appe-

te sans cesse, jusques à ce que la partie jouysse
de la chose appetee naturellement, je demande donc si les parties de l'animant appetent
l'excrement pour leur nourriture, au contraire tant qu'elles peuvent elles le chassent: & si
quelquefois elles l'attirent, ce n'est que par
accident, & pource qu'il y à quelque nourriture meslee avec iceluy, la jouissance de la—
quelle leur est agreable & profitable: encore
donc que les parties regorgent d'excremés
elles ne laisseront d'appeter l'aliment, & d'en
avoir besoin (ce que M. Ioubert a recogneu
advenir aux parties mesme qu'il à voulu estre
principalement nourries d'excrements au paradoxe 6. de la seconde decade) car la nourriture ne consiste en ce que la chaleur agisse,
autrement la flamme de la fournaise agissant
contre l'or, l'argent, le plomb, seroit entre-
tenuë par cette action, chose que l'experience nous demonstre fauce, mais il faut qu'elle
agisse contre vne substance laquelle soit capable d'estre convertie, & assimilee en sa sub
stance, ce que ne pouvant estre l'excrement,
il faut que la substáce contre laquelle la chaleur naturelle agit pour sa nourriture, soit ce
que nous appelons aliment. Car il est certain

que comme dit Arist. au probl. 5. sect. 3. que
la chaleur naturelle n'est pas nourrie de toute sorte d'humeur, mais d'vn qui soit gras
doux & copieux, M. Ioubert à suivi cette o-
pinion en la premiere partie. *Cette chaleur*
(dit-il) est nourrie & entretenue d'vn humeur
gras & æré qui inseré dans la substance des par
ties similaires est du tout invisible, & vn peu a-
pres, donques la vie & la duree des choses a-
nimees git au consentemēt & accort de ces deux
chaleur & humidité, & tant que cette humi-
dité vtile & agréable, peut nourrir la chaleur
vitale, autant vit l'animal ou la plante. Finalement il appele l'humeur radical, *l'vnique pa-*
ture de la chaleur. Ie croy que M. Ioubert
s'est en fin senti pressé de ces considerations
& pourtant, encore qu'en effect il ne change
d'opiniõ,si tache il à deguiser ses excrements
en aliments & dit.

Ces humeurs sont pituiteux & doux, conve-
nables à nourrir la chaleur, s'ils sont plus ela-
borez.

Mais qui est ce qui ne sçait que comme la
fin de l'elaboration de la matiere alimenteuse
c'est la nourriture, que au contraire la fin de
l'elaboration de la matiere excrementeuse,

c'eſt l'expulſion de l'excrement ? ſuivant ce
que dit Hipp. il faut purger les humeurs ou
excrements quant ils ſont cuits &non quand
ils ſont crus. Que ſi l'excrement pouvoit recevoir par la force de la chaleur,quelque elaboration, par le moyen de laquelle il peut
nourrir,ce ſeroit fort mal à propos qu'il ſeroit
appelé excrement, car il ne le ſeroit non plus
que l'alimét lequel devât que nourrir actuel-
lement requiert vne longue preparation ou
concoction. Car l'aliment,n'eſt aliment pour
la puiſſance qui eſt en luy de nourrir, mais
pource qu'actuellument il nourrit. Si on peut
donc ramener l'excrement à ce point qu'en
fin il nourriſſe, il n'eſt point excrement mais
aliment: or ceci eſt impoſſible, car il eſt par
trop diſſemblable des parties qui doivent eſtre nourries& M. Ioubert meſme, ne recon-
gnoiſt d'entre toutes les parties du corps humain que la rate, les reins, la veſſie, & les in-
teſtins pour eſtre nourris de ce que les autres
Medecins appelent excrements,encore pour
ce qui eſt des reins, & de la rate, il recognoit
que leur nourriture eſt du ſang. quelqu'vn
pourra dire que tout alimét en ſon commencement doit eſtre diſſemblable , & qu'en fin

par la force de la chaleur, il eſt rendu ſemblable, ainſi qu'il ſe pourra faire que l'excrement
lequel ſemble fort eſlongné de la faculté nu-
tritive, par la force de la chaleur ſera fait nu-
tritif: à ceci je reſpons que quelque diſſimili-
tude qui ſoit en l'aliment, lors qu'il n'eſt encore tel que par puiſſance, que cependant il
y à en luy de certaines diſpoſitions, & certaine matiere, du tout inclinante à cette fin, tellement qu'il ne reſte que l'action de la cha--
leur, mais qu'en l'excrement tout y contra-
rie, de ſorte que la chaleur ne le peut ramener
à ce point, qu'il puiſſe nourrir, quelqu'vn
repliquera que M. Ioubert confirme ſon dire par l'autorité des Medecins.

Car les Medecins anſegnent que la pituite ſe
parfait de la chaleur dedans les veines, ou elle
ſe cuit à loiſir, & ſe convertit en ſang louable.

Iuſques icy on à peu voir de page en page,
voire de ligne en ligne, que M. Ioubert à mis
tout ſon pouvoir à prouver que l'excrement
peut entretenir la chaleur naturelle au lieu d'a
liment, qui voudroit raporter tous les paſſages, il faudroit tráſcrire en ce lieu tout ſon diſcours, je me contenteray donc d'en produire quelques vns. En la ſeconde partie il eſcrit

ainſi.

Quand donc il n'y à point d'appetit, il eſt vray-
ſemblable que la chaleur agit en autre humi-
dité, laquelle eſt excrementeuſe & non natu-
relle, la conſomption de laquelle n'eſtant point
dommageable qu'eſt il de merveilles ſi ſans nui-
ſance ou douleur le deſapetit perſevere &c.

Au commencement de la troiſieſme.

Car ce que fait l'aliment touſiours eſpars, ar-
rouſant les parties & abreuvant l'humeur na-
turel: cela meſme fait quelquefois l'humeur ex-
crementeus accumulé en nos corps, quand il re-
bouche lacrimonie & force de la chaleur, &
l'empeſche de conſumer vne meilleure ſubſtance
iceluy ſe preſentant à eſtre conſumé.

Ce texte eſt la confirmation de la propoſition en laquelle il avoit dit que la ſeule petite chaleur eſtoit la cauſe de l'abondance de
l'humeur ſuperflu, lequel amuſoit cette chaleur, continuant donc ce meſme propos, voici ce qu'il dit.

Si tout le corps vniverſellement eſtoit plain
de meſme humeur que l'eſtomach, chaque par-
tie n'apeteroit non plus que luy, & n'auroit be-
ſoin d'autre aliment, tandis que tel humeur ſuf-
firoit à la chaleur.

Or maintenant comme si M. Ioubert ne
se fust plus souvenu de tout ceci ou bien com
me si la pituite sanguine, & celle qui est contenue dans l'estomach estoiét de mesme nature, il nous met en avant la pituite qui est
partie du sang, & que les Medecins appelent
sang moins cuit, mais l'equivoque de ce nom
est trop evident, pour ne s'en appercevoir, car
il n'y à celuy qui ne sache, que ces deux humeurs ne conviennent point en vne essence
prochaine, non plus que la statue de Cæsar est
celuy qui veritablement fut Cæsar, la pituite
donc contenue dans l'estomach, pour porter
le nom de la pituite qui fait la quatriéme partie du sang, ne change point de nature, mais
demeure tousiours excrement, lequel il faut
que le ventricule chasse, ou par vomissement
ou par dejections d'embas, pour demeurer
sain. M. Ioubert mesme au commentaire du
9. chap. du second livre des facult. naturelles
de Gal. dit que nature à pourveu à deterger
la pituite du ventricule & des intestins. Si on
demande pourquoy il porte ce nom, il faut
dire que ceci est advenu par vne certaine ana
logie, c'est ascavoir, que côme l'humeur des
quatre humeurs qui font la masse du sang, le

plus froid & le plus humide , eſt appelé pituï-
te que de meſme entre les excrements, celuy
lequel eſt le plus froid & le plus humide, à eu
ce nom: Or on ne peut conclurre, d'vne ſimilitude de noms, vne ſimilitude deffaits, s'enſuit que c'eſt ſans propos que M. Ioubert à e-
ſcrit *Car les Medecins anſegnët.*Auſſi bien que
ce qui ſuit.

Car la viande eſt beaucoup plus eſlongnee de
la forme du ſang, & de la nature des parties,
que n'eſt la pituite.

Car encore que ceci s'accorde pour le re-
gard de la pituite alimenteuſe , il ne ſe peut
pour l'excrementeuſe. Or je laiſſe maintenât
à juger ce qu'on doit tenir de ce Paradoxe,
puiſque ayant touſiours fait mention par cy
devant de la pituite excrementeuſe , ſubſtitue
maintenant en ſon lieu l'alimenteuſe, n'eſt ce
point honneſtement deſadvoüer tout ce qui
precede ? Ie prie auſſi le Lecteur de prendre
garde au mot de *grand*, qui en cette troiſieſme partie eſt repeté trois fois, & eſt enfermé
entre ces marques ( )car c'eſt de l'addition
dè M. Ioubert en cette verſion, ainſi qu'il advertit à la fin de ſon Paradoxe, tellemèt qu'au
lieu, qu'en ſon latin il dit ſimplement qu'il

n'eſt beſoin d'aliment,il dit en la verſion qu'il
n'eſt grand beſoin d'aliment. N'eſt ce point
autant comme s'il diſoit que veritablement
il en eſt aucunement beſoin ? I'euſſe conclu
des ici, mais en vne addition qu'il à faite à ce
Paradoxe il remonſtre que tous ces jeuneurs
ont eſté mal ſains , & plains de beaucoup de
ſuc froid, il faut donc vuider ce ſcrupule. Par
mal ſains,ou il entéd qu'ils eſtoient touſiours
malades, mais plus en vne fois qu'a autre,
ou bien quelquefois malades , quelquefois
ſains , mais plus ſouvent malades que ſains,
ou finalement qu'ils eſtoyent en vn eſtat que
les Medecins appelent neutre, n'y ſains , n'y
malades, en quelque façon qu'il l'aye voulu
prendre, c'eſt choſe qui ne peut eſtre. Car
comme j'ay demonſtré cy devant en la fin
de la ſeconde partie,& en toute la troiſieſme
la chaleur naturelle,n'eſt jamais ſans agir con
tre ſon humeur radical , & comme auſſi j'ay
demonſtré en la premiere partie , côtinuelle-
ment il ſe fait quelque diſſipation des eſprits,
tant animaux que vitaux,cela eſtant la neceſ-
ſité de la reſtauration s'en enſuit , ſinon autant aux vns côme aux autres, pour le moins
aux vns plus,aux autres moins. Or je deman-

de ſi la chaleur, ſi les eſprits n'agiſſent point
en vn malade, le mouvement, le ſentiment,
le battement des arteres du cœur, la reſpiration & tels autres ſignes ſont teſmoins certains de l'action des eſprits, quant à la chaleur
il ſembleroit y avoir quelque difficulté, pour
ce qu'on pourroit dire que la crudité des aliments, & excrements demonſtrent que la
chaleur n'agit, mais ſi par n'agir on entéd vne
entiere privation de l'action de la chaleur
c'eſt ignorer que la chaleur agit plus·, agit
moins, & que pour cette raiſon quant les Me
decins diſent que quelque excrement eſt cru
que ce n'eſt abſoluement, ains avec compa-
raiſon des autres qui ſont plus cuits. Et ne ſe
voit il point d'extremes crudités aux maladies ? Si par extreme on entent ce qu'on dit
par vne façon de parler, treſgrande, elles ſe
voyét, & quelquefois on releve de telles maladies, mais auſſi la chaleur n'eſt encore vain-
cue n'y ſans action. Si on entéd par extreme
qui ne puiſſe plus paſſer outre, la chaleur eſt
ſurmontee, auſſi la mort s'en enſuit neceſſairement, & jamais de cette extremité on ne
retourne en convaleſcence: Si on ne veut dire, qu'il y ait retour de la privation à l'habitu

de, chofe que jamais n'accorderont ceux qui
ont tant foit peu de fentimét. Ceci donc foit
vne maxime infaillible, que la vie de l'hom‑
me, n'eft jamais fans l'action de la chaleur
naturelle contre tout ce qui peut patir d'elle,
c'eft pourquoy il fe fait diffipation en l'hom‑
me, non feulement de l'excrement, mais auf‑
fi de l'humeur radical des efprits &d'elle mef‑
me, & pourtát à elle befoin d'eftre continuel‑
lement reftauree ainfi que l'humeur radical
& les efprits, par ces raifons & celles qui ont
precedé, chacun peut juger que les mal fains
ne peuvent non plus eftre exempts de man‑
ger que les fains. Ie veux mainténát faire voir
que ça efté l'opinion d'Hippocr. & de Galien
Hippocrate en l'Aphor. 7. du 1. livre des A‑
" phorif. le vivre foit extremement tenu (dit
" il) aux maladies trefaiguës, & d'autant que
" la maladie eft moins aiguë, & d'autant plus
" faut croiftre le vivre au 4. le vivre tenu
" & exact aux maladies longues eft toufiours
" dangereux. Gal. au commentaire de ces
Aphorif. veut que le vivre foit mediocre en
maladies longues n'y tenu, n'y plain, afin
que les excrements ne croiffent, & les for‑
ces neceffaires pour refifter vn long temps à
la

la maladie, se cõservent, c'est pourquoy Hippocrat. afin que le Medecin ne se trompe, en
donnant à manger aux personnes mal saines,
plus qu'il ne faut pour entretenir les forces
en leur estat present, & suffisant pour resister
à la maladie, l'advertit par l'Aphor. 10. du 2.
liv. que plus on nourrit vn corps impur, &
plus on le blesse, Hippocr. donc n'a point ju-
gé que l'excrement peut restaurer les forces
du malade, & pourtant ordonne qu'on le
nourrisse avec mediocrité & discretion, ainsi
en vse il au livre des songes, ou il ne retren--
che tout le vivre à ceux qui sont replets, mais
le quart, le tiers, la moitié, en exerçant le
corps, afin que la dissipation des excrements
s'en face plus promptement. Mais on voit
des malades qui sont ordinairement quinze
jours, vn mois, & six semaines sans manger,
si manger signifie macher j'en suis d'accort,
mais autrement non, car on ne voit malade
qui pour le moins ne prenne la valeur d'vn
œuf par jour, les assistans ne permetroient
qu'il fust vne heure sans prendre de la gelee,
de quelque bouillon, du consumé, d'vn pres-
sis, de quelque syrop d'eau sucree, de ptisan-
ne, d'orgemondé, de l'alemandé, & de tel--

E

les autres drogueries, defquelles on furcharge le plus fouvent les malades. Mais ils n'ont point pris d'vn chapon, d'vn poulet, du mouton, du veau, du pain, ils n'ont point mangé, non: au dire des vieilles. Mais quant ainfi feroit qu'vn malade auroit efté vn mois entier fans prendre aucune nourriture, eft ce à dire que la chaleur & les efprits font entretenus des excrements? la confomption des chairs, de la graiffe, & la diminution de la tumeur des veines, eft trop manifefte, pour ne recognoiftre qu'ils en ont efté la pafture & l'aliment. Et à propos fi par les maladies l'excrement fert de nourriture, d'ou vient que cet humeur confumé, la maladie ne ceffe? & fi elle ceffe, d'ou vient qu'il ne refte que la peau & les os? Il nous faut maintenant examiner l'Inductió que M. Ioubert à faite de plufieurs beftes & plantes, qui font en fomme le Serpent, le Gliron, l'Ours, le Chameleon, le Crocodil, les Aftomes, l'Oignon, l'Ail, la Sempervive, la Craffule, tous ces animaux vivent plufieurs mois fans manger, donc quelques hommes pourront vivre plufieurs annees fans manger. Voila la force du Paradoxe de M. Ioubert. Or il faut noter que de

tous ces exemples quelques vns font averez
faux, les plus certains font douteux, & les autres n'ont rien de cômun avec aucun autre:
& qu'ainfi ne foit, il n'y à aucun qui ne fache
le jugemét de Dieu prononcé contre le Ser-
" pent. Alors l'Eternel Dieu dit au Serpent,
" d'autant que tu as fait cela, tu feras maudit
" fur tout beftail, & fur toute befte des châps
" tu chemineras fur ton ventre, & mangeras
" la pouffiere, tous les jours de ta vie, laif-
fons donc le Serpent à part, lequel peut toufjours trouver de la pouffiere de la terre pour
vivre, quant au Gliron, j'ay veu Gentil homme recogneu pour tref-homme de bien, lequel m'a affeuré en avoir eu vn en fa maifon
& vn Chameleon. quant au Gliron il dor-
moit plus qu'il ne veilloit, mais eveillé il fai-
foit provifion de tout ce qu'on luy jettoit,
qui fut propre à manger, & le portoit dans fa
petite logette, il ne faut point douter qu'il ne
fit le femblable aux bois, & à quel propos dira quelqu'vn puifque il dort l'efpace de fix
mois, à la verité s'il dort fix mois continuellement, il n'y à que tenir, que c'eft fans neceffité qu'il feroit cette provifion, mais je de-
mâde à qui que ce foit qui affeure ce dormir

de six mois, s'il à veillé ces bestes six mois
continuels, pour observer si elles ne se reueil-
lent point durant ce temps pour manger, si
ces bestes estoyent en aussi grande quantité
que les fourmis, & nõ plus farouches, on leur
verroit faire leurs provisions ordinairement,
mais y ayant peu de personnes qui ayent ob-
servé ceci, la plußpart du monde à mieux ai-
mé croire avec admiration de les voir si graf-
ses au sortir de leurs cavernes, qu'elles ne
mangent point, que de considerer, si en ne
mangeant point le dormir de six mois peut
engraisser, c'est contre toute raison Phi-
losophique & Medicale qui enseigne que la
graisse sert d'aliment à taute d'autre, & que
le dormir à jun evacuë le corps, d'autant que
la chaleur qui n'est jamais oisive cõsume per
petuellement quelque chose. Pour le Chameleon le mesme Gentil-homme m'a asseu-
ré que le mettant sur la fenestre, il respiroit
l'air, mais aussi qu'il prenoit & devoroit les
moucherons qui approchoient de luy, j'ay
veu les Lezarts faire le semblable. Quant à
l'Ours, on voit tous les ans en Automne qu'il
porte force fruits comme pommes, poires,
chastaignes, en sa caverne. J'ay passé autre-

fois en Savoye, & conferé avec gens de bien
& d'honneur, qui m'ont dit avoir entré dans
leurs cavernes & avoir veu de grands mon-
ceaux de fruits que l'Ours amaffe pour fa pro
vifion, ce n'eft donc de merveille fi auffi bien
que le Gliron, il fort gras de fa caverne, car il
repaift bien, & ne travaille point. Quant au
Crocodil M. Ioubert efcrit que Pline efcrit
qu'il paffe toufiours quatre mois de l'Hyver
à jun, dans fa caverne. Mais Ariftote efcrit
qu'il ne peut vivre feparé des eaux. Et des A-
ftomes qu'en dirons nous? que ce font fa-
bles que Pline à meflez dans fon hiftoire naturelle. Mais Marfile Ficin femble confirmer
ce dire, par l'exemple d'vne autre efpece de
gens vivans d'odeurs, qu'on regarde ce que
allegue M. Ioubert de Marfile Ficin, ce n'eft
que doute, & premierement il dit, on dit,
c'eft honneftement s'en laver les mains, puis
recerchant la raifon de ceci, il dit, c'eft par a-
venture, cette façon d'affirmer n'a rien de
certain, auffi finalement il conclut condition-
nellement, difant, s'il eft ainfi. Mais puifque
il eft permis de fe fervir d'autorité, efcoutons
Ariftote qui reprent les Pytagoriciens d'vne
telle opinion au livre du Sent. chap. 5. & dit

cela ne pouvoir eftre, d'autant que les corps
qui font nourris, ne font point fimples, mais
compofez. Cette confideration à fait(à mon
jugement) que Marfile Ficin n'a point dit
fimplement que ces gens vivent d'odeurs,
mais quafi feulement. On peut maintenant
voir combien l'antecedant de l'argument de
M. Ioubert(qui eft pourtant la confirmation
de la mineure du fyllogifme que j'ay tiré de
tout fon difcours des le commencement) eft
certain & affeuré. Mais quant le tout feroit
ainfi qu'il l'a propofé fi eft ce que la confequence n'eft aucunemét recevable : la raifon
la voici, c'eft qu'il y à vne trefgrande differen
ce de la vie des beftes, & encore plus des
plantes, à la vie des hommes, & qu'ainfi ne
foit, je demande fi le principe effentiel de la
vie de l'homme ne differe pas de celuy de la
befte, & tous deux de celuy de la plante, fi
l'ame raifonnable, n'eft pas plus excellente,
que l'irraifonnable, & celle cy,que celle de la
plante, & finalement fi la chaleur naturelle
de l'homme n'eft pas autre & plus excellente
que celle de la befte, & celle de la befte que
celle de la plante. C'eft l'advis d'Ariftote au
fecond liv. de la gener. des animaux chap. 3.

« Mais (dit-il)il semble que la vertu ou puif-
« fance de toute forte d'ame, a vn corps plus
« divin que ne font les elements, mais felon
« que les ames different d'excellence auffi la
« nature de ce corps eft differente.Et fi en vn
mefme individu , il fe trouve que la chaleur
des parties differe l'vne de l'autre,côme celle
du cœur,du foye,du cerveau,du ventricule:à
plus forte raisô aux individus de diverfes efpe
ces,tellemét qu'autre fera la chaleur de l'hôme, autre celle de la befte,& autre celle de la
plâte. Ne s'êfuit il dôc que la vie, qui eft l'effet de l'ame& de la chaleur naturelle,eft auffi
differâte en ces animants? Et de fait la befte
ne peut vivre du fuc de la terre, fi nous en ex-
ceptons le Serpent(ainfi que j'ay demonftré
cy devant) car quant a ce que quelques vns
difent que le Loup preffé d'vne extreme faim
mange d'vne certaine terre,quant cela feroit
je dirai avec Arift. què cela leur foit particu-
lier, quant à l'homme, il ne peut vivre de Ser-
pents, de Fourmis,d'Hellebore,de Cicuë, de
charongne puante , n'y d'aucune chair crue
quelque delicate qu'elle foit. Finalemét Hip-
« pocrate efcrit , qu'il eftime que jamais les
« anciens ne fe fuffent adonnez a rechercher

"vne façon de vivre propre & peculiere à
"l'homme, fi vn mefme aliment, & mefme
" breuvage eut efté convenable à l'homme,
" avec le bœuf, le cheval,& les autres beftes
" lefquelles vivent fans aucune nuifance ,de
" foin , d'herbes, fruits, & autres chofes que
la terre produit.Quant aux plantes,il eft trop
fenfible que leur vie eft beaucoup plus eflon-
gnee de la nature de la vie de l'homme , que
celle de la befte , de forte que fi on ne peut
rien inferer des beftes,encore moins des plan
tes,& qui ne fait & que la vie & la generation
des plantes eft extrememét diferente de celle de l'homme ? qui à jamais ouy dire que le
Soleil ait engendré de la terre vn hôme,com-
me il fait vne plante ? le peut il mefme de la
feule feméce de la femme,en la femme? non
pas feulement vne mole , & la femence de
l'homme eftant feparee de l'homme fe peut
elle conferuer pour vn temps ainfi que celle
des plantes? C'eft donc vne chofe trop fenfible, qu'autres font les idiofyncraties ou proprietés de l'homme,autres celles de la befte,
& autres celle de la plante, pour conclure ne-
ceffairement des vnes aux autres vne mefme
chofe. Mais dira quelqu'vn,puifque il eft ain-

fi qu'encore que les plantes ne fe pouvãs paffer d'attirer continuellement du fuc de la terre, que ce neantmoins , il s'en trouve beaucoup qui ne peuvent vivre longuement voire
plufieurs mois fans autre aliment que celuy
qui eft en elles, pourquoy eft-ce que l'homme ne pourra faire le femblable? Premierement il y à de la contradiction en cet antecedant, de dire que les plantes ne fe pouvants
paffer d'attirer continuellement du fuc de la
terre il y en à ce neantmoins qui peuvent vivre longuement fans autre, que celuy qui eft
en elles. Secondement je nie qu'il faille que
la plante attire continuellement du fuc de la
terre, on dira que M. Ioubert le prouve.

*Car pourquoy faut il (dit il) que les plantes
foient toufiours attachees à leurs racines , finon
afin qu'elles attirent continuellement du fuc qui
leur eft neceffaire à tous momants de temps?*

Selon que M Ioubert à befoin de prouver
quelque chofe tantoft il dit d'vn & tantoft
d'autre, voici donc ce qu'il dit ailleurs , afcavoir au comment. fur le 1. livre des facultez
" naturelles de Gal. chapitre 1. Les plantes
" font immobiles, d'autant qu'au lieu de leur
" origine, il y à vn fuc duquel elles font nour-

« ries commodemēt & felō leur naturel, fans
« que comme les animaux , elles ayent be-
« foin d'aller cercher autre nourriture. Veritablement cette eft la vraye raifon de l'im-
mobilité des plantes , mais ję veux bien que
ce foit l'autre , donc c'eft contre nature que
l'ail, l'oignon, la craffule, & les autres vivent
eftantt arrachez de la terre.Si c'eft contre nature, en peut on inferer vne confequence neceffaire pour les hommes ? Si on dit que ceci
n'eft point contre la nature de ces particulieres efpeces, d'autant que cela leur eft propre,
je le veux, mais il s'enfuivra donc que puifque
l'homme eft vne efpece toute autre que l'ail,
l'oignon. la craffule & les autres . qu'il aura
auffi fes proprietés particulieres & non celles
des autres. Voila pour les plātes &les beftes,
il refte maintenant à confiderer les hiftoires.
M. Ioubert en à mis en avant de trois ans,de
dix , dix-huiĉt , trante , trante-fix , quarante,
d'autres tefmoignages que l'autorité de ceux
qui les ont efcrites,il ne s'en parle point. Pour
moy je me fuffe volōtiers enquiss'ils avoient
efté l'efpace de tout ce temps aux coftez de
ces jeuneurs,pour obferver jour & nuiĉt qu'il
n'y eut point de tromperie, n'y piperie. Car

je croy bien que M. Rondelet à peu voir la fille, qu'on luy difoit avoir jeuné dix ans, mais nõ pas qu'il l'ait obfervé l'efpace de dix ans. El les font toutes propofees fort neuvement, & fimplement hors mis celle de la fille Alleman de, de laquelle voici ce qu'il en dit.

Du mal prefent excité de cacochymie, echapa la fille Alemande qui ieuna trois ans, car on raconte qu'elle eftoit douce & benigne, taciturne oifive, endormie, plaine de puftules & rongnes, a raifon de l'abondance de l'humeur gros & vifceux.

Il faut fe fouvenir que M. Ioubert à toufjours voulu que pour faire vne vie fans manger, il falloit que la pituite fut douce, froide, craffe, & vifceufe, & le tout en vn corps froid. Ie demande donc qui pouvoit eftre caufe de la rongne de la fille Allemande, car elle ne fe fait que d'vne matiere acre qui ronge le cuir, c'eft le cõmun confentement de tous les Medecins, c'eft la raifon, c'eft l'experience, c'eft la propre autorité de M. Ioubert qui efcrit en cette forte au 6. Parad. de fa prem. decade. « Or il n'y à aucun qui admette que le prurit « & demangaifon fe face d'vne matiere dou- « ce, & infipide, n'y mefme aigre, veu que

" l'acrimonie de la feule bile, ou des humeurs
" bruflez, ou des humeurs fereux, ou de la
" pituite fale, commet ces douleurs, qui font
" fort proches à l'erofion & vlferation, & vn
" peu plus bas, de ces humeurs, les parties les
" plus fubtiles s'eftans efculees en fueur par
" la force de la chaleur, tant naturelle qu'a-
" quife, les plus craffes parties à grand peine
" pouvants penetrer le cuir, s'attachent à la
" cuticule, & engendrent la rongne. Il à donc
falleu premieremét que la pituite de cette A-
lemande foit devenue acre, ou par la mixtion
de la bile, ou par la putrefaction, ce font les
deux moyens qu'il recognoit au lieu maintenant cité pouvoir d'vne pituite douce & infipide, en faire vne falee, foit l'vn foit l'autre,
n'importe, car en tout cas, il s'enfuit qu'il y
avoit vne grande chaleur, & acrimonie, &
au corps, & en l'humeur, comment donc eft
ce que cet humeur pouvoit entretenir la chaleur naturelle? car en tout fon difcours il à
toufiours voulu (comme je viens de remonf-
trer) que la pituite fut douce, froide, infipide,
quelqu'vn dira, que les humeurs ne s'efchauf-
fóiét qu'apres l'expulfion faite d'iceux au cuir,
& qui pouvoit caufer cette grande chaleur

en ce lieu? ſi c'eſtoit faute de tranſpiration,
pource qu'il eſt à preſuppoſer, que les pores
eſtoient ou reſerrez ou bouchez. Ie diray
que les parties internes en eſtoient encore beaucoup plus deſtituées , de maniere
que cet humeur pituiteux ſe devoit encore biē
pluſtoſt echauffer & putrifier eſtant contenu
dans les parties internes que au cuir. Secon--
dement ie demande comment cet humeur
eſtoit pouſſé du dedãs au dehors, eſtãt ſi gros
& ſi viſceux, ſi on dit que la chaleur l'atenuoit,
je diray ſuivãt ce que j'ay tantoſt cité de ſon
6. Paradoxe, que cela peut bien eſtre pour le
plus ſubtil, mais pour ce qui eſtoit plus craſſe,
qui eſt ce qu'il dit faire la rongne , qu'vne ſi
petite chaleur ne le pouvoit pouſſer juſques
au cuir, puiſque au corps de ce vieillart où il
dit qu'il y avoit vne grande chaleur , à grand
peine cela ſe pouvoit il faire. Mais je veux
bien que la chaleur le peut atenuer de telle
ſorte , que tout peut eſtre pouſſé dehors, &
comment ſe pouvoit il faire que la chaleur a-
git côtre cet humeur, ſans agir contre ſon humeur radical, dans lequel elle ha ſon ſiege?
C'eſt pis que ſi on diſoit que le feu touchant
d'vn coſté l'huille & de l'autre l'eau, conſi-

meroit plus d'eau que d'huille. Que si on dit
que comme par les maladies la chaleur agit
côtre les humeurs qui sont la cause de la mala
die, pour les cuire , & preparer à l'expulsion,
qu'ainsi en cette fille elle agissoit seulement
contre cette pituite. Ie respon que c'est vne
chose fausse , que durant la concoction des
maladies la chaleur agisse seulement contre
l'humeur peccant,car outre ce qu'on voit par
experience les corps amaigrir durant les maladies, on sçait que c'est la nature de tout a-
gent naturel,d'agir côtre tout ce qui est contenu en sa circonference , s'il est capable de
patir. Voila pour cette histoire,quant aux autres il n'y à aucune circonstance : c'est pourquoy je n'en puis traiter qu'en general. Ie dy
donc qu'il est impossible qu'en corps puisse
contenir en soy vne si grande quantité de pituite, sans estre subjet à dix mille sortes de
maladies tresgrieves &mortelles,car afin que
je ne m'amuse aux palpitations de cœur qui
en pouvoiét arriver,aux douleurs d'estomach
aux colliques intestinales & renales:je demã-
de seulement,si le cerveau estoit seul vuide de
ces excreméts pituiteux?si cela estoit,que fai-
soit sa chaleur cependãt ? à quoy s'employoit

elle? S'il en eſtoit plain , comment eſt ce que
ces jeuneurs ont peu s'exempter d'apople-
xies? comment eſt ce que cet humeur ſi craſſe,& ſi viſceux ne bouchoit le ret admirable?
plus j'examine ces hiſtoires & plus je m'eſ-
tonne comment M. Ioubert les à miſes en a-
vant. Mais que dirons nous donc de ceux qui
les ont eſcrites pour veritables ? qui ont veu
ces jeuneurs,ou perſónes qui les avoiét veus?
rien autre choſe ſinon que s'ils euſſent eſté
auſſi curieux qu'vn Gentil-homme demeu-
rant en la Court du Duc de Savoye il y à 26.
ans ou environ, qu'ils n'euſſent eſté trompez
ſi aiſement. Et pource que l'hiſtoire eſt nota-
ble, je ſuis contant de la raporter en ce lieu
ainſi qu'elle m'a eſté recitee. Il y auoit en la
montagne de Rivole vn Hermite , lequel a-
voit aquis vne ſi grande reputation de ſainte-
té,qu'il eſtoit tenu en tout le pays pour vn
ſainĉt oracle,il dóne à entendre qu'il ne man
geoit point, on le croit , la renómee en croiſt
avec le temps, qui fut trois ans , au bout deſquels Philebert Emanuel pour lors Duc de
Savoye,eſtant en la ville de Rivole incité par
le bruit commun, monte à la montagne,voit
cet Hermite,parle à luy,& en fin s'en retour-

ne plus côfirmé que jamais, en l'opinion qu'il
avoit de la fainteté de ce perfonnage. Or
comme en la court des Princes tous n ont le
nez fait les vns comme les autres, n'y auffi la
cervelle, cela fit qu'vn Gentil-homme du
nombre de ceux qui avoient fuivi leur Seigneur en ce voyage, retourna fus fes pas voir
l'hermitage, qu'il fceut fi bien vifiter, qu'il
trouva vne petite caverne derriere ledit Hermitage ou il vit du pain, du vin, des fruictts,
& de la viande qu'vne femme luy apportoit
en ce lieu tous les huict jours, celuy qui m'a
recité l'hiftoire eftoit alors en la court du Duc
de Savoye, & avoit môté avec luy en la montagne. Si ce Gentil-homme n'eut eu cette cu-
riofité, fans doute cette hiftoire eut accreu le
nombre de celles de M. Ioubert & ne fe fuft
oublié de dire que le Duc de Savoye l'avoit
veu, auffi bien qu'il à efcrit qu'vn Preftre vef-
quit quarante ans de la feule infpiration de
l'air, cela eftant bien obfervé fous la garde du
Pape Leon dixiéme, & de plufieurs Princes.
Il eft vray qu'il dit que tous ces jeuneurs s'il
eft vray ce qu'on en dit (on pourra remar-
quer en paffant qu'il en doute) ont efté mal
fains. Mais les Iuifs ne s'oubliront d'en dire

autant

autant de Iesus Christ. Mais que di-je, ils n'au
rôt que faire de dire qu'il estoit mal sain pour
improuver ce que nous disons avoir esté côfir
mé par ce jeune. Car M. Ioubert en la fin de
son Paradoxe escrit ce qui s'ensuit.

Ayant parachevé ceci i'ay rencontré fortui-
tement vn lieu d'Avicenne l'Arabe, qui con-
firme nostre opinion, par le phlegme lequel estāt
plus copieus, il pense pouvoir advenir que nous
vivions longuement sans manger, par ce que tel-
le matiere tient place de viande, il ne nie pas
aussi que cela ne puisse advenir aux hommes
sains, ie suis bien aise de ce qu'vn si grand Au-
teur aprouve mon opinion, laquelle ie pēsois n'a-
voir esté traictee de personne.

Que si M. Ioubert dit qu'en ce lieu, par le
mot de sain, il n'entend parfaitement sain,
aussi les Iuifs diront qu'il ne se peut prendre
pour malade; & que cela seroit faire vne trop
grande violance au mot, qu'il signifiat tout
au contraire de ce qu'il doit signifier; & puis
cette façon de parler. *Il ne nie pas aussi que*
cela ne puisse avenir aux hommes sains, est autant que s'il eut dit, outre ce que j'ay prou-
vé que cela avient aux hommes mal sains, il
peut aussi avenir à quelques vns, qui ne sont

point mal fains. Or pour refpondre au paffa-
ge d'Avicenne il faut dire que par le mot de
longuement il à entendu tout au plus fix ou
fept jours, par le mot de phlegme celuy qui
eft alimenteus (car tout analogue fe prent
toufiours eftant fimplement propre pour la
fignification principale) & non l'excremen-
teux. Partant faut conclurre, que s'il s'eft
trouvé quelques autres que Iefus-Chrift, He-
lie, & Moyfe, qui ayent fait de tels jeunes,
que ceux defquels parle M. Ioubert
que ça efté par l'impofture du Dia-
ble, auquel Dieu donne fouvent efficace d'erreur, pour
punition de l'increduli-
té des hommes.

F I N.

QV' IL Y A RAISON QVE,
quelques vns puiſſet viure ſans manger, durant pluſieurs iours & années: au treſrenommé Iuriſconſulte, M. IAN PAPON, Iuge & Lieutenant general au Baillage de Foreſt.

A Religion chretiéne nous anſeigne, qu'il faut ſoudain ajouter foy aus propoſitions Theologales qu'on oit reciter, & que ez choſes nullemant ſujettes à preuue, la fiance & le ferme conſentemant, et treſ-agreable à Dieu : veu que c'et luy qui peut rompre les lois de nature. Mais aus diſciplines, qui meritet d'etre appelees Mathemates, & vrayemant ſciances, d'autant qu'elles expliquet tout par ſes cauſes, d'affirmer quelque choſe ſans demonſtration, & an ordóner cóme fait vn legiſlateur, nous eſtimós cela ridicule. Car il n'y à rien qui ſamble plus abſurde que le conſantemant precipité, ſans conſeil & memoire: anuers ceus me maimât

F ij

qui cognoiffet l'efprit humain tref-auide &
tref-apte a rechercher la verité. Toutesfois
vous an voyez beaucoup, qui fi plufieurs autres ont dit de maime, ils n'y contredifet pas:
& ne panfet point à ceci, s'il et plus licite de
dire vray, ou au contraire de mantir, d'vne
caufe commune. O qu'il vaudroit bien mieus
s'arrefter-là, & douter des chofes que l'efprit
ne peut comprandre! Ce que j'ay accoutumé
de faire: & à raiſō de cela, plufieurs qui font
de temeraire confantemant, m'appelet incre-
dule. Car je me fuis propofé dez long tams,
n'admettre aucune chofe comme vraye de
celles qu'on peut comprandre par raifon &
difcours, pour grande que foit l'autorité, de
celuy qui a propofe. Ie confeffe bien, que la
caufe de tout ce que l'experiance nous temo-
gne, n'et pas ancores trouuee & cognuë de
nous : comme auffi je tiens pour tref-vrayes
plufieurs opinions, qui font Paradoxes au cō-
mun, n'etant ancor perfuadees. Mais cōme ie
ne veus pas que l'on croye aux miennes fans
raifon, ainfi me foit il permis de n'accordet
les autres, auant que j'aye aprins de leurs au-
teurs les caufes de tels effais, ou que je les
puiffe comprádre an raifonnant moy maime.

Qu'il foit libre a tous, de n'ajouter foy aus pro
pos fans demonftracion. Car ceus là famblet
peu auifés, & qui plus et fort lourdaus, qui re-
çoiuent les admirables affirmaciõs, emeus de
quelque vaine opinion du difeur. Telle et cel
le que je propofois hier, tref-renommé Pre-
fidãt: que quelques vns peuuet viure fans mãger, non feulemant plufieurs jours, ains plufieurs mois & annees. Vous aues prudãmant
dit, que vous ne la receuries pas , ains que je
l'euffe prouuee: d'autant qu'elle vous famble
la plus paradoxe, de toutes celles qu'aues ouy
de moy. Toutefois ell'et tref-veritable, comme les autres, & deformais vous n'y contre-
dires pas. Car vous ne douteres point de venir an mon opiniõ, veu qu'ell'ha pour fonde-
mãt des raifons & caufes tref-euidátes, prifes
des chofes naturelles. Ie ne diray pas de l'a-
uoir obferué, mais je cõfirmeray qu'il fe peut
faire. S'il falhoit prouuer le fait par temoins
nous an produiriõs quelques vns, irreprocha-
bles & de grand' autorité. Hippocras limite a
vne femaine, le iune mortel de l'hõme. Mais
Pline dit, qu'il n'et pas mortel d'vne femaine
veu que plufieurs ont duré plus d'onze iours.
l'antans qu'il y a pour le prefant an Auignon
F iij

vn homme de soissante ans, qui mange fort
peu souuant, & par longs interuales, de cinq,
sis, dis , & plusieurs jours. Ce que Albert e-
crit et samblable , qu'il y auoit vne fame, laquelle passoit quelquefois vint jours sans
manger, & bien souuant trante. Il dit aussi,
auoir veu vn homme melancholique, lequel
vequit set semaines sans manger, ne beuuant
que de l'eau, vn iour & autre non. Athenæ
Li. 2. des
diphno-
soph. raconte, que la tante paternelle de Timon, se
cachoit toutes les annees dans vne cauerne,
comme les Ourses , l'espace de deux moys:
viuant sans aucun alimāt que de l'air, a demy
morte, de sorte qu'a peine la pouuoit on re-
cognoitre. Personnes graues rapportet, auoir
eté veuë an Espagne vne filhe , qui ne man-
geoit rien , & antretenoit sa vie ne beuuant
que de l'eau, & auoit deja vingt & deus ans.
Plusieurs ont veu an Languedoc vne garse,
qui demeura trois ans , & nous sauons par ce
qu'an ont ecrit quelques bons & doctes per-
sonnages, qu'il y an ha eu vn'autre a Spire an
Alemagne, qui vequit autant d'annees saine-
mant, sans autre viande ou breuvage que de
l'air. Guilhaume Rondelet atteste, d'an auoir
vu vn'autre, qui de parelhe maniere de viure,

paruint iusques a dis ans: puis quand elle fut
grande se maria, & eut de beaus anfans. Ian
Boccace ecrit d'vne Allemande, laquelle vequit trant'ans, sans mâger aucunemât. Pierre
d'Abano (qu'on nomme Côciliateur) raconte d'vne Normande, qui ne mangea rien de
dishuit ans, & d'vn autre qui dura trante & sis
ans sans manger. On tient pour certain, que a
Rome vn Praitre vequit quarante ans de la
seule inspiration de l'air : cela etant bien ob-
serué sous la garde du Pape Leon (disieme) &
de plusieurs Princes, & fidellemant temogné
par Hermolao Barbaro. Mais pourquoy m'ar
rete-ie tant a reciter ces miracles, qui peuuet
sambler pures fadaises, iusques a tant que ie
les aye expliques par raison ? Certainemant
l'autorité & l'obseruació des autres et de tres
grand pois : mais ce ne doit pas etre asses, là
ou il n'y a faute de raison a confirmer son dire. Ie suis bien aise que vous n'ayes voulu re-
ceuoir sans cela ma proposition, afin que ie
puisse cômodemant exercer mon esprit a rechercher sa cause, ainsi que i'ay de long tams
desiré.

C'et vne santance ferme & ratifiee, que
tous corps viuans, soint plantes ou animaus,

viu et a raison de la chaleur qu'ils ont anclo-
se an eus: au moyen de laquelle ils attiret l'a-
limant, le cuiset, s'an nourriffet & soutiennet,
croiffet & angeandret: outre ce que les animaus fentet & se meuuet. & tant plus parfai-
tes font telles œuures, tant plus et abondan-
te la vertu & la fustance de la chaleur. Pource Ariftote, qui ha defini la mort etre l'extinccion de la chaleur, ha laiffé pour memoire (comme chofe fort remuée & diuulguée)
que la vie et contenue de la feule chaleur: &
que fans la chaleur ne peuuet viure, ne ani--
maus, ne plantes. A fon imitation tous les
Philofophes d'vn confantemant, definiffet la
vie par la chaleur, & la mort par extinccion
de chaleur. Car pour petite que foit la chaleur, le cors qui an ha jouit de la vie, & pro-
duit lefdittes accions de foy, ancor que foint
obfcures. Cette chaleur et nourrie & antretenue d'vn humeur gras & aëree, qui inferé
dans la fustance des parties fimilaires, et du
tout inuifible. C'et le premier (*ou principal*)
humeur, commun a tous viuans, auquel fied
premieremãt & par foy l'efprit, muni de chaleur: tellemant que ne l'efprit, ne la chaleur
peuuet etre ou durer longuemant, fans l'aide

dudit humeur. Donques la vie, & la durée
des choses animees, git au consantemant &
accord de ces deus, chaleur & humidité. Cet-
te-la et tenue pour ouuriere de toutes acciõs:
cette-cy luy et sou-mise, affin que ladite chaleur dure plus longuemant, & tant que cette
humidité vtile & agreable, peut nourrir la
chaleur vitale, autant, vit l'animal ou la plãte.
Dont il auient que ceus ont plus longue vie,
qui ont plus d'humeur naturel, ou iceluy plus
epais & plus resillant a dissipacion. Car il et
de nature gras, huilleus & gluant, afin que la
chaleur (qui an etant anueloppee, an gate &
consume tout bellemãt de petites porcions)
l'eboiue & absorbe plutard. Touttesfois a-
uant que cela auienne, l'animal rand l'ame à
Nature, luy etant otee sa propre matiere, lan-
guissant l'esprit & la chaleur. Or puis que le
cors des viuans s'ecoule & diminue ainsi toujours, si vne sustance samblable à l'ecoulee
n'et restituee, certainemant il s'euoporera &
dissipera tout. Mais il n'y à dequoy remet-
tre an lieu de l'humide sustantific (comme on
l'appelle) consumé, ie ne dis pas antant qu'il
s'an diminue incessammant, ains seulemant
vn petit brin de tel. Car il ha toute son origi-

ne de la semance, & des principes de notre
generacion , & nous ne voyons pas , qu'on
puisse aiouter a noz cors aucune telle chose.
De là procede la mort ineuitable:par ce qu'il
n'y a aucun artifice de reparer,ce que seul re-
tient la chaleur. On restitue bien la sustance
charnue, epuisee du transissemant : l'humide
primitif, iamais. Et veu que la pature etant
consumee,la chaleur s'etaind quant & quant
si ell'et cause consumant la pature (còme cer
tainemãt ell'et) il s'ansuit incontinãt, que la
chaleur maime et cause de sa mort. Il nous
reste seulemant que puisqu'on ne peut totale
mãt detourner la cause de notre mort,a tout
le moins nous la retardions & rebouchiõs,e-
tant trop hâtee & precipitante (s'acheminãt
vite de son naturel à l'ysue de la vie) affin que
l'animal ne s'etaigne si tost. Ce que peut e-
tre fait , au moyen des alimans: quand par
addicion de quelque plaisante humidité , on
arrouse la naturelle, affin qu'elle resiste d'a-
uantage a la voracité de sa chaleur. Car ell'et
ainsi plus long tams cõseruee , quand la chaleur naturelle ne peut libremant exercer sa
force sur le suiet humide: parce qu'elle et au-
cunemant rebouchee , quand elle agit an la

masse charnue, & aus humeurs nourrissans,
& cependant elle côsume moins de l'humeur
radical. Touttesfois il s'an consume toujours
quelque petite porcion, mais moins quand il
y a de l'autre an quantité suffisante. Et a ces
fins Nature, non seulemât aus animaus, ains
aus plantes aussi, ha donné des le commancemant certaines vertus, d'appeter côtinuellemant ce que leur defaut & manque, affin
que tout se preserua de mort, le plus longuemant que faire se pourroit. Car tout ce qui
et angeandré, & tient de la nature, desire ex-
trememant d'etre prorogé tres-longuemant
& subsister au monde. Pource les animaus
n'ont iamais aprins d'aucun à manger, boire
& respirer, ains dez le cômancemant ils ont
des facultez, qui parfont cela sans precepteur.
Dequoy il appert, comme ie panse, que l'v-
sage des alimans et necessaire a tout ce qui ha
vie, non pour autre chose, que pour antrete-
nir cet humeur interne (familiere, & vray e-
mant vnique pature de la chaleur naturelle)
afin qu'il ne soit si tost ebeu. Et tant que nous
le pouuons faire, & que l'humidité primitiue
et de reste, an suffisante quantité pour con-
seruer la chaleur vitale, nous sommes autant

de tams an vie.

De cecy on peut colliger (pour la segonde proposicion que nous auons a expliquer) que il ne faut beaucoup de nourriture, a ceus qui ont la chaleur moindre & plus languide: parce qu'elle ne samble fort d'efficace àcōsumer son humidité. Tout ainsi que le petit feu, ne peut porter beaucoup de bois, ains et de peu antretenu: mais le grand feu s'etaint incontinant a faute de pature, si vous n'y aioutes vn grand amas de bois. Et pource les vieus anduret facilemant le iune, comme dit Hippocras: an segond lieu, ceus qui sont au plus fort de leur age : moins les adolessans : le moins de tous, les anfans, & antre autres, ceus qui ont l'esprit plus vif, & sont plus vigoureus. Car ceus qui croissct, ont beaucoup de chaleur naturelle: dōt ils ont besoin de beaucoup d'alimant: autremant leur cors se cōsume. Les vieus ont peu de chaleur : pourtant ils n'ont besoin de grans viãdes, d'autant qu'ils an suffoqueroint. Car cōme la flame des lãpes (dit Galen) iasoit qu'elle ait l'huille pour alimant, touttesfois si on l'y met tout a vn coup elle an sera plus etainte, que nourrie : samblablemãt aus vielhes ians, & autres qui ont la cha-

Aph. 13.
liure 1.

Aph. 14.
liure 1.

Au com.
dudit Ap.

leur plus remife, l'abondance des alimans
leur nuit, an fuffoquant la chaleur, & l'acca-
blât de fa multitude. Ceus qui ont beaucoup
de chaleur, côme les anfans & les adoleffans
fe plaifet a l'abondance des viures: parce que
la maffe de leur cors fe confume fort, & leur
chaleur vorace diffipe antieremât la naturelle
humidité, fi elle n'et bridee & retenue par addicion d'vn familier fuc. Donques la propor-
cion & mefure des alimans et ordônee, a raifon de la chaleur, fans autre anfegnemât que
de Nature. Car la faim ou l'appetit, qui fuit la
neceffité naturelle des alimans et fa regle cer
taine: tellemant que ceus ont befoin de co--
pieus & plus frequant alimant, qui ont plus
fouuât & grâd appetit: ceus qui n'an ont point
ou peu, & moins fouuant, n'ont pas afaire
qu'on leur donne alimant, finon fort peu, &
par longs interuales. Les laboureurs, artifans
& autres qui trauailhet tout le iour an fortes
befongnes font contrains vfer grand quâtité
de viandes, & de repas coup a coup reiteres,
pour la faim qui les preffe. D'autant que la
qualité de la chaleur naturelle, deuient plus
acre, & confume plus par l'exercice: de forte
que ceus qui s'adonnet totalemant au traual,

ne peuüet iuner, sans tresgrand perte de leur
santé & force. Ainsi Galé remonstre que aus
picrocholes c'et a dire bilieus, l'abstinance et
tref-nuisante: & que de iuner longuemant ils
tombet an tref-piquantes & tref-aigues fieures, desquelles il et aisé de venir aus hecti-
ques,& an outre,de celles-cy au marasme ro
ty. Les sanguins andurent plus facilemant le
iune, parce que l'humide sustatifique redonde an eus, & l'alimantaire aussi. D'auantage,
leur chaleur et plus remise & moins aigue,
comm'etant grõmee de l'humidité. S'ils ne
prennent aucun plaisir à l'exercice, ains sont
toujours an repos, paresseus & andormis cõme glirons, ils ont peu d'appetit , & tard : ils
deuiennent phlegmatics,& le plus souuant se
mettet a manger sans necessité , seulemant
par coutume:aus heures ordonnees. Ceus-cy
ont vrayemant la chaleur plus remise & cõme angourdie,laquelle il seroit meilheur d'ex
citer & aguiser par trauaus afin qu'etant dis-
sipee la grand quantité de l'humeur superflu
elle approchant de la moderee,fit santir l'appetit,lequel n'et autre chose que naturel de-
sir de ce qui defaut & manque. Ce que defaut & manque a chaque particule , et l'ali

mant, qui soit substitué au lieu de sa substance
qui s'ecoule perpetuellemant, par la vertu de
la chaleur. Quant donc il n'y à point d'appetit, il et vray-semblable , que la chaleur agit
en autre humidité, laquelle et excrementeuse
& non naturelle: la consomption de laquelle
n'etant point dommageable, qu'et-il de mer
uelhe si sans nuisance ou douleur le desapetit
perseuere, tandis que cet humeur superflu a-
massé resiste à sa dissipacion : maimemãt veu
que la chaleur láguissante d'oisiueté , ne peut
gueres consumer? C'et la segõde raison pour
quoy les vielhars portet le iune plus aisemãt
& sans incommodité: sauoir et, d'autant que
outre la petitesse & foiblesse de la chaleur, ils
ont à raison de cecy vn grand amas d'excre-
mans pituiteus, & que leur cors lourd, pigre,
& tardif, et tref-inepte à tous mouuemans &
exercices. Pourtant il leur auient , de n'auoir
besoin de beauoup d'alimens : veu que leur
chaleur, par beaucoup de raisons, dissipe fort
peu de la masse du cors. Or ce que nous a-
uons ensegné etre aus vieus, cela maime conuient iustement aus naturels semblables. Car
si quelqu'vn et, ou de complexion naturelle,
ou de sa maniere de viure, plus humide & plus

froid, il aura peu d'apetit, & se soulera aisemãt de peu de viande: par ce qu'il luy manque de la chaleur, qui puisse consumer grand sustance. De la vient que les bestes exangues (des Grecs dittes *anaimes*) auquelles le froid et tref-offansif, à cause de leur petite chaleur, se cachet tout l'hyuer, & viuet sous terre; ez lieus plus tiedes sans alimãt. Cela et aprins de l'experiance, à laquelle consant bien la raïson. Car le besoin des alimens et pour reparer ce que perpetuellement s'escoule, afin que l'humeur primitif, pature de la chaleur naturelle, ne soit si tost consumé: ceus ausquels rien ne s'ecoule, & il n'y à presque point de chaleur, (au moins par quelque tams) n'auroint aucun besoin ou prouffit de la viãde. Or les serpans, laizars, & leurs semblables, sont frois de nature. La chaleur qu'ils ont fort petite, ne dissipe gueres, & durant l'hyuer ancor moins que d'ordinaire, par ce que adõc elle deuient plus languissante, de la violãce du froid. Pource il n'y a comme point d'effluxion ou dissipacion, la peau etant epaissie & exactemant constipee, de la force du froid hyuernal. Et autant qu'il y à de fuligineus excremant suscité de leur amettre languissante, il s'amasse au

cuir

cuir: lequel an fin deuenant plus fec & plus ru
de, fe depoulhe & fepare de la peau fuiette,
fans faire mal au cors. C'et ce qu'on appele,
la depoulhe du ferpant, de laquelle il fe deue-
tit au milieu ou à la fin du printams. Puis quât
le Soleil reuenant à nous, excite leur chaleur
ayant chaffé l'angourdiffemant, ils deuienet
plus remuans, & reprenet leur premiere agi-
lité: car la chaleur conduit & fait les mouuemans. Dont Vitruue difoit: Les ferpans fe re-
muent terriblemant, quand le froid de leur
humeur et epuifé par la chaleur. Durant les pe
tis jours an tams d'hyuer, ils font fans aucun
mouuemant, angourdis du froid, qui prouiêt
du changemât de l'air. Que les glirons & les
rats des montagnes (*dis marmotãs*) non feulemant s'abftiennet tout l'hyver de manger,
& ne font que dormir, ains auffi qu'ils an deuienet plus gras, il et autant meruelheus, que
confirmé de vraye experiance. De là et forti,
ce que dit Martial du Glirõ, an fes diftiques.

> Durant l'hyuer ie dors,
> Et fuis plus gras alors,
> Que nourri fuis de rien,
> Sinon de dormir bien.

Vous repondres, que les petis animaus fe

peuuet paſſer quelque tams de la viande,
mais non pas les plus grans. Surquoy je pro-
duiray le Crocodil, baite ſauuage de fort grãd
tailhe: duquel ſeul on ha opinion , qu'il croit
tant qu'il vit. & il vit longuemant. Or Pline
ecrit, qu'il paſſe toujours quatre mois de l'hy
uer à jun , dans ſa cauerne. On affirme auſſi
que l'Ours peut viure tout l'hyuer ſans manger. Donques coɴme les vielhars , à raiſon
de leur froideur, n'ont pas grand appetit , &
n'ont beſoin de grand nourriture : ainſi touttes les cõplexions , qui ont plus de froid qu
de chaud , duret long tams ſans viande. Et
qu'õt beſoin de nouuelle pature, ceus auquels
la naturelle ou l'appliquee , ne ſe conſume
point? Et que conſumera la languiſſante ? Si
elle conſume quelque choſe , & il y à abondance de choſe qui luy reſiſte , on ne ſantira
pas ce beſoin incontinant, ains apres vn long
tams. A la diſſipaciõ de l'humeur naturel, reſiſte quelquefois l'alimantaire humidité ac-
cumulee, quelquefois l'excrementeuſe , ſur
laquelle s'exerceans la chaleur naturelle, & la
diſſipant, fait cependant, moins de dommag
à l'humeur naturel.

On peut tirer d'icy la troiſieme propoſi

n, qui seruira de preuue a la cōclusion, pro-
posee: sauoir et, que la seule petite chaleur, ne
rand pas l'abstinanse plus facile, ains aussi l'a-
bondance de l'humeur superflu, qui amuse la
chaleur naturelle. Car ce que fait l'alimant
toujours epars, arrousant les parties, & abreu
uant l'humeur naturel, cela maime fait quelquefois le copieus humeur excremanteus accumulé an nos cors: quand il rebouche l'acrimonie & force de la chaleur, & l'ampeche de
consumer vne meilheure sustance, iceluy se
presantant a estre consumé. Pource le vantricule etant plain de pituité (sinon qu'elle fut
aigre) nous n'auons point d'appetit, & dedaignons les viandes: & (a mon iugemant) nous
n'auons (*grand*) besoin d'alimant, iusques à
tant que le vantre ait digeré cette matiere là,
ou qu'il l'ait ietté autre part. Il peut bien etre
que tandis que l'estomach refuse les viandes
(parce qu'il n'ha besoin de nouuelle pature)
les autres mambres anduret faim naturelle:
laquelle n'et pas sansible, dont ils languissct &
s'amaigrisset, si on ne leur ottroye de la nourriture. Parquoy souuantesfois il vaut mieus,
luy presanter de la viande, sans attandre qu'il
soit venu a bout du reste: Touttesfois il vaud

mieus au prealable(si faire se peut) artificiel-
lemant auoit purgé le vâtre, afin que la viande ne s'y corrompe. Si tout le cors vniuersel-
lemât etoit plein de maime humeur que l'e-
stomach,chaque partie n'appeteroit non plus
que luy, & n'auroit besoin d'autre alimant,
tandis que tel humeur suffiroit à la chaleur.
Mais l'estomach le plus souuant et sou,parce
qu'il ressoit premier tout, & sa cauite et plus
ample. Il auient moins souuant, que tout ce
geanre d'excremant s'epande par tout le cors.
Ce qui arriue toutesfois aus vielhars, & aus
autres frois de nature:parce que la petite cha
leur, ne peut digerer l'alimât ordonné à chaque partie, ains laisse par tout beaucoup de
crudité. Ces humeurs sont pituiteus & dous
conuenables à nourrir la chaleur, s'ils sont
plus elabores. Car les Medecins ansegnet,
que la pituite se parfait de la chaleur dedans
les veines,ou elle se cuit a loysir,& se conuer-
tit en sang louable. Car (comme ils parlet)le
phlegme n'et que sang moins cuit:lequel seruira à nourrir les parties, apres qu'il aura eté
sogneusement elaboré. Il faut donc permet-
tre,que la chaleur s'exerce a vne si loüable eu
vre: ce que la viande continuellemant aualee

detourne. A cela profitet les iunes, fort sains
a ceus qui ont abondāce d'humeur picuiteus
ou dous,ou insipide, accumulé an tout le cors
Dont Hippocras conselhe bien la faim à ceus
qui ont les chairs humides: parce que la chaleur vsé plus plaisammāt des humeurs, ancor
qu'ils soint crus, que de de la viande nouuellemant receuė. Car la viande et beaucoup
plus elognee de la forme du sang, & de la nature des parties, que n'et la pituite: & la chaleur aura plu-tost apreté l'humeur ja fait,que
la viande. Et s'il ne le fait,d'autant qu'on luy
fournit toujours nouuelle matiere , il et force
que tout se corrompe , & que tout deuienne
excremant. Lequel etant retenu au cors, par
tout pullulet des maladies familieres à tel hu
meur, œdemes,vitiliges, alphes,scirrhes,lou-
pes, neus,& (autres) infinis maus de la clas-
se des phlegmatics :lesquels celuy euitera,qui
permettra à la chaleur, de parfaire & exacte-
māt elaborer cet humeur froid, an ne prenāt
aucune viande,ou pour le moins an prenant
plus tard & raremant. Car comme ainsi soit
que la chaleur se doiue toute occuper an cet
affaire , elle aret detournee par la nouuelle
matiere laquelle inutile, & ancor domma-

G iij

geable. Mais quand la chaleur ha côfumé, ce
qu'elle ha trouué plus cômode, pour l'vfage
des parties qu'il falhoit nourrir, deflors cha-
cune d'elles commance d'auoir appetit, & de
faire antandre leur indigeance, par mutuelle
communicacion iufques au vantricule: Toutesfois, comme nous difions par cy-deuant
quelquefois l'eftomach n'appete rien(à caufe qu'il et plain d'humeur) ja foit que les autres parties iunet: & au contraire, l'eftomach
etant vuide & affamé, les autres parties peuuet etre raffafiees. Adonc etans contrains de
la facheufe faim, de prâdre de la viande, nous
tachôs par autre moyen, de decharger les autres parties de leurs humeurs, afin que la cha
leur ne foit accablee de leur trop grâde quantité. Mais fi la replecion et commune a tout
le cors, de forte que l'on fante le ventricule,
anfamble touttes les autres parties, pleines
d'humeur pituiteus, lors qu'il n'y à aucun appetit, la chaleur tamperee etant occupee an
beaucoup de matiere, pâdant qu'elle fait cette autre befongne, il n'y à pas neceffité de
viâde, Car la chaleur a prou befongne, & peu
de force: dont elle ne fait pas euidâte côfom-
ption de l'humidité naturelle des parties, tan-

dis qu'elle iouyt d'vne autre qui luy et tref-
plaifante:c óme et la douce pituite. Cecy fait
bien pour ceus, qui demeuret an jun trois ou
quatre jours, & plus long tams. Car que faut
il prefanter des viures, quand tout le cors ver-
fe d'humeur froid , & mal-aife a diffiper, fi
nous auons appetit de máger feulemant lors
que la premiere viande et depechee ? Quoy?
fi quelqu'vn dedaigne les viandes, & luy font
mal de cœur à les voir, n'et ce pas vn certain
indice qu'il n'ha (*grand*) befoin de viande:de
laquelle c'et Nature maime qui nous an ha
dóné l'appetit, fans anfegnemát de perfonne:
Et de qui pourriós nous aritandre l'heure du
manger, & la quátité, voire la qualité? An ces
chofes nous fuiuons de nous-maimes, l'incli-
nacion naturelle, & le defir exant de toutte
raifon. Parquoy celuy qui abhorre totalemát
la viande il n'an a pas (*grand*) befoin; veu
que c'et vn appetit naturel, & non pas volun-
taire, ne qui obeiffe a la raifon. Il et donc ja
plus que affes confirmé par nos raifons, ce
que l'experiance attefte: que aucuns ont vecu
par plufieurs iours fans manger, & ce fans aucun dommage de leurs forces & fanté: ains
(que plus et) on croit, qu'ils ont preuenu des

G iiij

maladies, qui les menaſſoint , ou qu'ils ſont
echappes des preſantes. Car les maus mena-
cet ceus qui ſont ainſi ſous,& ont grande replecion de tout le cors, ſi vous y mettes toujours de la viande: parce qu'il et force,que le
tout ſe corrompe. Dont Hippocras dit, tant
plus tu nourriras les cors mal nets, tant plus
tu les offáceras. Du mal preſent excité de cacochymie,echappa la filhe Allemáde, qui iuna trois ans. Car on racôte, qu'elle etoit dou
ce & benigne, oyſiue,& andormie, pleine de
puſtules & rognes, à raiſon de l'abondáce de
l'humeur pituiteus gros & viſqueus. Elle ayát
ſoutenu, de ſon propre mouuemát , vn ſi lôg
iune,anfin les humeurs etans conſumes,& la
matiere de ſon mal otee, elle remiſe an ſanté
cômança d'auoir appetit. Cecy ne doit ſam-
bler abſurde, veu que l'eſprit comprand facilemant,que non ſeulemant il peut ainſi auenir, ains auſſi qu'il ſe fait treſ-ſainemant. Peut
etre que cela et dur d'admettre que l'action
de la chaleur naturelle, perſeuere deus ans ou
plus, à la conſomption des humeurs vnefois
aſſamblés. Vous accorderes bien,que le plus
long terme de iuner,ſoit limité à vne ſemaine
ou deus, ainſi qu'ont dit Hippocras & Pline.

Apho. 19
Liure 2.

Mais ie feray que la longueur du tãs ne vous
retiendra pas, de venir de pies & de mains à
ma santãce. Moy certainemãt qui suis moins
à condãner du vice de credulité, que d'aucun
autre, ne me suis persuadé telles choses sans
raison. Et vous consideres (s'il vous plait) d'ou
ie collige que cecy peut etre, fait, apres que
vous aures acheué de lire, ce peu qui nous reste ancore à dire.

Quand l'humeur pituiteus abreuuãt le cors
& soulant plaisammant les parties, et copieus
telle nourriture suffit long tams, quãd il et an
petite quantité, la matiere an brief etant consumee, soudain l'appetit reuiẽt. Or si l'humeur
n'et pas seulemant copieus, ains aussi gros &
visqueus, qui doutera ancores, que la vie ne
puisse etre prolongee longuemant, sans qu'on
y aioute aucun alimant? Soit an outre, la chaleur petite & lãguissante, ou de nature, ou par
accidant: elle ne pourra pas dissiper beaucoup
d'humeur, & pourtant il luy resistera fort lõg
tams. An vn vielhart, vne filhe, vn prestre, la
chaleur et moindre & plus remise, à cause de
l'age, du sexe, & du repos. Et l'abondance des
humeurs gluans, peut etre si grand an iceus,
que la chaleur naturelle n'en sera moins ag-

greablemant antretenue de son acointance,
que de l'abord d'vn autre alimant nouueau
& iournalier. Cela continue , tant qu'on luy
fournit d'humeur an abondance , & il an et
fourni longuemant, quand à raison de son e-
paisseur, viscosité & froideur, il an et fort peu
dissipé de la chaleur, laquelle n'et vehemante
ne acre. Et combien qu'elle ait eté quelque
fois telle, aumoins elle et maintenant rebouchee. Ainsi nous auons eprouué, la Salaman-
dre (que l'on croid vainemant n'etre brulee

Liu. 2.
chap. 67.

du feu, comme Dioscoride dit) mise sur le feu
pouuoit longuemant resister à la brulure , &
etaindre le feu s'il etoit moindre: parce qu'elle et toute plaine d'humeur froid, epais & côme lait, an lieu de sang. De samblable matie-
re(à mon auis) sont farcis les cors de ceus qui
abstienner des viandes durant quelques annees. Et ie me doute, que tel et le naturel du
Chamæleon si ce qu'an ecrit Pline et vray,

Liu. 8.
chap. 33

que luy seul d'antre tous animaus, vit la bouche toujours beante , sans manger , & sans
boire, ne vser d'autre alimant que de l'air.

Liu. 2. de
la triple
vie, ch. 18

Car ce que luy maime natre des Astomes
(*c'et a dire ians sans bouche*) lesquels viuet de
la seule exhalacion, & des odeurs qu'ils tiret

par le nez, se fait par vn autre moyen, si vous
receues le tref-ingenieus raisonnemant de
Marsile Ficin, qui est tel. On dit qu'en certaines regions chaudes,& qui flairet par tout
de grand odeur, plusieurs de graile stature,&
d'estomach debile,viuet quasi seulemant des
odeurs. Cet (parauauture) d'autant que la
nature du lieu reduit an odeur presque tous
les sucs des herbes, des grains, & des fruits
mols: & la maime nature resout an espris,les
humeurs des cors humains. S'il et ainsi, quel
ampechemant y a-il,qu'ils soint nourris seulemant de vapeur, veu que tout samblable et
nourry du samblable. Mais ceus qu'on ha ob
serues iuneurs an l'Europe, ont eté plains de
suc froid & visqueus. Nous pouuons aiouter
aus susdites condiciõs,le reserremarit des pores de la peau, lequel Alexandre Beniuen ha
cognu,auoir grand pois an cecy, quand parlant d'vn qui a Venise iuna quarãte iours cõ-
tinuels,n'ha pas seulemant noté, qu'il fut de
mambres frois,cõtenant au dedans du phleg
me gros& cru,ains aussi que les pores du cuir
etoint serres.Or s'il m'et loisible de conduire
cecy des animaus aus plantes ,i'ay en main
plusieurs telles experiances. Car l'ognon, l'al

& le fromant, plusieurs mois apres qu'ils sont
separez de la terre, qui leur fournissoit d'alimant, non seulemant viuet, ains germet aussi
parce qu'ils ont vn humeur gros & copieus,
qui resiste beaucoup au flaitrissemant & se-
cheresse, antretenát la chaleur naturelle, maime sans aide d'aucun humeur nouuellemant
ressu. Ainsi la loubarbe, herbe nommee *Sem*
peruiue, le Aloë (*dit Perroquet*)& celle qu'on
appele vulgairemant *Faba inuersa* (on panse
que ce soit *Telephion*. des Latins nommé *Ille-*
cebra,& dles boutiques *Crassule maieur*)etans
arrachees de terre & pandues (*an l'air*) viuet
fort lóguemant: parce qu'elles ont du jus visqueus, & abondant an leurs feulhes bien e-
paisses. Et quel besoin ont elles de frequant
ou continuel alimant, puisque elles ont vn suc
tant gluant, qu'a peine il peut finalemát etre
cósumé par les grandes chaleurs? Et afin que
personne ne se moque de ce discours (par lequel ie compare les plantes aus animaus, an
ce que concerne la facile abstinance des viures) ie veus bien qu'on sache, qu'il et beaucoup plus mal aisé, que les plantes demeuret
quelque tams viues sans nourriture, que les
animaus. Car pourquoy faut-il que les plan-

tes soint toujours attachees à leurs racines,
sinon affin que elles attirent côtinuellemant
du suc, qui leur est necessaire à tout momant
de tams ? Nature ha donné mouuemant aus
animaus, parce qu'il ne leur conuenoit pas
chercher des viandes, sinon par quelques interuales. Et pource vous voyes , que les animaus priués de viande, viuet au-moins quelques iours:& les plâtes presque toutes se fle-
trisset,aussi tost que nourriture leur defaut:&
sur tout la race des herbes. Toutesfois celles
qui ont beaucoup d'humeur, & la sustáce ser-
ree & epaisse,sont de plus grand duree,& viuet quelque tás apres qu'elles sont arrachees.
Car elles retienet vne porcion de l'humeur
gluant, auquel l'ame et conseruee,qui suffit à
plusieurs jours. Ainsi de plusieurs arbres les
rameaus retráches,meuret tard ainsi des bestes insectes, les parties decoupees se remuet:
parce que l'humeur tenace & difficile à dissiper, retarde leur ame , comme anuelopee &
ampetree,qu'elle ne s'an voise tost. Cela mai
me fait,que les bestes exangues puisset(côme
cy deuant nous auons remontré) viure fort
longuemant sans l'vsage des viandes.

Ie panse que rien n'ampeche plus,que ie ne

conclue etre vray(comme tref-bien preuué)
que telle abōdance d'humeur gros & gluant
se trouue quelque fois amassee an vn cots
froid, que la chaleur naturelle ne fera autre
chose durant plusieurs annees,sinon le consumer. Cepandant le cors n'ha besoin de nouueau alimāt: dequoy le sine et, qu'il n'a point
d'appetit.L'experiance nous l'a premieremāt
ansegné:la raison preuue cela maime, auec la
cōmparaison de plusieurs choses samblables.
S'il vous plait examiner cecy plus attentiue-
mant,tref-renōmé P A P O N, vous n'y pour-
res plus cōtredire,ains soubscrires à notre a-
uis: & vous emeruelheres (comme il et bien
seant à tout homme d'esprit) commant des
principes les plus petis & vulgairemant no-
toires,ie vous ay tiré à l'opinion que vous iu-
giez tant rejetable. C'er la force des demon-
strations, desquelles les Geometriés , beaucoup plus certainemant que les autres,inferet
leur conclusions, des suppositions confessees
& cognues du vulgaire. Car ils ne parlet pre-
mieremant que de lignes,de poins, de super-
ficies,quarres,angles,cercles, & samblables:
puis soudain ils deduiset tellemāt l'vn de l'autre,que an fin sans aucune capcion ou habili-

té sophistique, ains de necessaire consequance,
ils conduiset de main an main leur disciple, à
mesurer la grandeur des cieus, la distance des
astres, la maniere des eclypses, & autres choses fort cachees. Parelhemant celuy qui et ex
pert en Physique, & es choses naturelles, sa-
chant trouuer par certaine methode les principes & causes de tout, peut facilemant affirmer des propositions paradoxes, tref-verita-
bles touttesfois, & les prouuer de ce que le
sans & l'vsage confirmet. Cecy suffira à vous
qui etes bien versé an toute discipline, & non
tardif, pour confirmacion de mon propos, lequel du commancemant vous aues pansé, n'estre pas vray-samblable. l'an debatrois auec
vn autre plus au long, si ces demostracions ne
luy faisoint rien: mais vous y consantes deja
(ie le say bien) & y aioutes votre suffrage.

¶ Ayant paracheué cecy, i'ay rencontré for-
tuitemant vn lieu d'Auicenne l'Arabe, qui
confirme notre opion, par le phlegme: lequel
etant plus copieus, il panse pouuoir auenir,
que nous viuions longuemant sans manger
parce que telle matiere tient place de viande.
Il ne nie pas aussi, que cela ne puisse auenir
aus hommes sains. Ie suis bien aise, de ce que

vn fi grand auteur approuue mon opinion, laquelle ie pãfois n'auoir eté traitee de persõne.

Ce que s'anfuit, et traduit de la fegonde partie des Opufcules de M. I O V B E R T *pag.* 136.

OR ie preuoy facilemant, que deus fortes de jans fe peuuet emouuoir, ou du feul fuiet de ce difcours, ou de fes preuues. Les vns font ignorans de la Philofophie naturelle & de la Medeçine, perfõnes venerables pour leur fimplicité & pieté: comme le menu peuple, & tous ceus qui n'appliquet leur etude à examiner les caufes de chaque chofe. Les autres font diaboliques, qui pourfuiuet de calõnie tref-impudente, ce qu'ils fauet etre bien dit. Ie ne m'arreteray point à ceus-cy, par ce que ils n'attendet pas l'explicacion (*de mon dire*) & qu'ils deprauet & infectet de leur poifon, tout ce qui et reffu de leur panfee impure. Aus autres il me famble qu'il conuient fatisfaire benignemant & fynceremant. Ie voy qu'on me pourroit obietter cecy. Les iunes de quarante iours antiers, lefquels I E S V S
Objeãiõ C H R I S T, Elie & Moyfe, ont foutenu, ainfi que temognet les faintes Ecritures dictees par le faint Efprit, ne feront plus tenus pour miracles

acles, si par quelque raisõ naturelle on peut
ndurer le iune, voire par plusieurs mois &
s. Certainemant il seroit vray, si on ne re-
ognoissoit, que cela eut eté donné tellemēt
contre les lois de Nature, à des hommes parfaitemant sains, par certain priuilegé, comme
nous croyons piemant. Car il leur fut diuine-
mant ottroyé, exampcion de l'infirmité de la
chair pour vn tams: de sorte que leur condicion etoit pour lors, autre que du geanre humain. Mais ceus que nous auõs aprins des hi-
stoires prophanes, auoir vecu durantquelques
annees sans manger, si elles disset vray, il faut
qu'ils ayet tous eté mal sains &plains de beau
coup de suc froid, duquel le cors ha pu etre
nourry longuemant : comme i'ay demontré
amplemant par ce discours. Ainsi nous apre-
nons de ce qui auient iournellemant, que plu
sieurs malades n'ont point d'appetit, à cause
que leur vantricule et farcy de mauuais humeurs: & ils prennet moins de viande an vne
semaine, qu'ils ne prenoint chaque iour quāt
ils se portoint bien. Mais qu'vn hôme de cors
tres-sain, puisse passer seulemant vn iour (*on
deus*) sans viande, & n'auoir pas faim, cela excede les bornes de Nature , & et vn mirracle
diuin. Cõbien plus et il admirable, qu'vn tel

H

homme iune quarante iours antiers, de sorte
qu'il ne sante point de faim, n'ayt à combatre
la conuoitise de manger, & n'appete la viande
ou le breuuage, nonplus que l'vn des Anges?
Nous croyós que Iesus Christ ha ù le cors ex-
trememant tâperé & pur, iasoit qu'il fut suiet
à maladies, selon la cõdicion de sa nature humaine. No⁹ recognoissõs samblablemãt, que
Moyse & Elie, quãd ils s'abstindret durãt quarãte iours de manger & boire, etoint parfaitemant sains pour lors par certaine prerogatiue
exams de la cõmune vie des hõmes. Dequoy
il s'asuit, que à bõ droit on estime cela illustres
miracles, par lesquels l'autorité de ces Prophe
tes & de Iesus Christ fut etablie. Or ce n'et
pas chose nouuelle, que samblables effais auie
net par l'ordre des choses que Dieu tres-bon
& tres-grand ha prescrit à Nature, & par vn
miracle euident contre les lois de la maime
Nature. Car telles fieures, & plusieurs autres
maladies, que les Sains ont gueri, les medecins
otet aussi, mais les moyens desquels il vset, y
apportet tres-grand' differance. Car les Sains
de leur seule parole, ou de l'atouchemant de-
faisoint (moyénant la grace de Dieu) les causes
de tels effais, auec la necessité imposee à Nature. Les Medecins ne font autre chose, que

oppofer aus caufes naturelles d'autres fambla
blemant naturelles, par lefquelles fi la verru
des remedes dônee du Createur, et plus puif-
fante, & qu'il ne veulhe que pour lors elle foit
vaine, la caufe qui fait le mal et effacee. Iefus
Chrift guerit parfaitemant le fang menftrual
inueteré, du feul attouchemant de la frange
de fa robbe. Nous par art medecinal duquel
luy-maime(comme pere benin, ayant pitié
de la condicion humaine)et auteur& vray in-
ftituteur, remedions a famblable mal par certains medicamans. Ainfi certainement, l'humeur phlegmatic plus copieus, peut induire
(*naturellemant*) le iune, côme il à eté aus fus-
nommés fe portans bien, de la feule volonté
du treshaut Dieu. Mais outre ceus-cy, il y à infinis miracles qui excedet notre antâdemant
lefquels ne l'art humain, ne le nature maime
fait imiter en aucune maniere. Telle et la gue-
rifon de l'aueuglemant naturel : de chaffer les
efpris immôdes du cors humain: reffufciter les
mors ja à demy pourris, & famblables, qui
confirmet l'autorité de Dieu tout puiffant. Ie
panfe qu'il appert de cecy, que les chofes qu'ô
dit auenir par certaine loy de Nature (ja-foit
que raremant) ne reprouuet point les vrais
miracles, ou ne diminuet leur certitude: & que

celuy ne côtredit à la foy chretienne, qui examine diligeammant les causes de tels euene-
mans. Ains plu-tost : n'an confirme l'on pas
mieus la verité des miracles non feins : an o-
tant quant & quant l'occasion des impostu-
res, afin qu'elles n'abuset facilemant le peuple
mal expert ? Car si quelqu'vn de ceus qui viuet sans manger, à cause de leur intemperatu-
re froide, & l'abondance de phlegme, vouloit
contrefaire le Prophete inspiré de Dieu, com
bien de mille hommes precipiteroit il en tres-
graues erreurs & ruine ? Certainemant celuy
et impie, & ignorât de la vraye (c'et la diuine
Philosophie, quiconques pansant à ces chose
& les estimant, prononcera etre impie & tre
irreligieus , de vouloir distinguer par raison
non fardees, les œuures & (comme les notr
parlet) miracles de nature, des miracles diui
Ce que tous jans de bien & de pieté confe
ront libremant , côuenir fort à vn homme
bien, religieus & notammant charitable.

Ce qui et entrelaßé au texte, par ces marq
( ) en lettre italique, et de l'Auteur , apres
voir recognu & aprouué la version de son fis.

F I N.

www.ingramcontent.com/pod-product-compliance
Lightning Source LLC
Chambersburg PA
CBHW071210200326
41519CB00018B/5454